Excel 2003
Avancé

Guide de formation avec exercices et cas pratiques

CHEZ LE MÊME ÉDITEUR ————————————————————————————

Dans la collection *Les guides de formation Tsoft* ————————————————————

P. MORIÉ, B. BOYER. – **Excel 2003 Initiation.** *Guide de formation avec exercices et cas pratiques.*
N°11417, 2004, 206 pages.

P. MORIÉ. – **Word 2003 Initiation.** *Guide de formation avec exercices et cas pratiques.*
N°11415, janvier 2004, 222 pages.

P. MORIÉ. – **Word 2003 Avancé.** *Guide de formation avec exercices et cas pratiques.*
N°11416, janvier 2004, 220 pages.

P. MORIÉ, Y. PICOT. – **Access 2003.** *Guide de formation avec exercices et cas pratiques.*
N°11490, 2004, 400 pages.

C. MONJAUZE, P. MORIÉ. – **PowerPoint 2003.** *Guide de formation avec exercices et cas pratiques.*
N°11419, 2004, 320 pages.

P. MOREAU. – **OpenOffice.org Calc 2 Initiation.**
N°12035, 2006, 210 pages.

P. MOREAU. – **OpenOffice.org Calc 2 Avancé.**
N°12036, 2006, 186 pages.

P. MOREAU. – **OpenOffice.org Writer 2 Initiation.**
N°12033, 2007, 188 pages.

P. MOREAU. – **OpenOffice.org Writer 2 Avancé.**
N°12034, 2007, 214 pages.

S. LANGE. – **Configuration et dépannage de PC.**
N°11268, 2003, 488 pages.

P. MOREAU, P. MORIÉ. – **Windows XP Utilisateur.**
N°11524, 2004, 402 pages.

Autres ouvrages ————————————————————————————————

M. GREY, M. BERGAME. – **Mémento Excel.**
N°11756, 2006, 14 pages.

J. WALKENBACH. – **VBA pour Excel 2003.**
G11432, 2004, 979 pages + CD-Rom.

J. RUBIN. – **Analyse financière et reporting avec Excel.**
G11460, 2004, 278 pages.

S. GAUTIER, C. HARDY, F. LABBE, M. PINQUIER. – **OpenOffice.org 2 efficace.**
N°11638, 2006, 420 pages avec CD-Rom (coll. Accès libre).

S. GAUTIER, avec la contribution de J.-M. THOMAS. – **OpenOffice.org 2 Calc.**
N°11667, 2006, 220 pages (coll. Poches Accès libre).

Excel 2003 Avancé

Guide de formation avec exercices et cas pratiques

Patrick Morié, Bernard-Philippe Boyer

2e tirage 2007

Tsoft
EDITEUR

EYROLLES

ÉDITIONS EYROLLES
61, bd Saint-Germain
75240 Paris Cedex 05
www.editions-eyrolles.com

TSOFT
10, rue du Colisée
75008 Paris
www.tsoft.fr

Avant-propos

Conçu par des formateurs expérimentés, cet ouvrage vous apporte des outils pour apprendre à utiliser efficacement les fonctions avancées du logiciel Microsoft Excel 2003. Ce livre fait suite à un autre guide de formation de niveau initiation chez le même éditeur.

Ce guide s'adresse donc à des utilisateurs ayant déjà assimilé et mis en pratique les fonctions de base de Microsoft Excel 2003.

Fiches pratiques La première partie, *Guide d'utilisation*, présente sous forme de fiches pratiques l'utilisation des fonctions avancées du logiciel et leur mode d'emploi. Ces fiches peuvent être utilisées soit dans une démarche d'apprentissage pas à pas, soit au fur et à mesure de vos besoins, lors de la réalisation de vos propres documents. Une fois ces fonctions maîtrisées, vous pourrez également continuer à vous y référer en tant qu'aide-mémoire. Si vous vous êtes déjà aguerri sur une version plus ancienne d'Excel ou sur un autre logiciel tableur, ces fiches vous aideront à vous approprier rapidement les fonctions avancées d'Excel 2003.

Cas pratiques La seconde partie, *Cas pratiques*, consiste à réaliser de petites applications en se servant des menus et commandes de Excel. Cette partie vous propose seize cas pratiques, qui vous permettront de mettre en œuvre la plupart des fonctions étudiées dans la partie précédente, tout en vous préparant à concevoir vos propres applications de manière autonome. Ils ont été conçus pour vous faire progresser vers une bonne maîtrise des fonctionnalités avancées d'Excel 2003.

Ces cas pratiques constituent un parcours de formation ; la réalisation du parcours complet permet de s'initier seul en autoformation.

Un formateur pourra aussi utiliser cette partie pour animer une formation à l'utilisation avancée de Microsoft Excel 2003. Mis à disposition des apprenants ce parcours permet à chaque élève de progresser à sa vitesse et de poser ses questions au formateur sans ralentir la cadence des autres élèves.

Les fichiers nécessaires à la réalisation de ces cas pratiques peuvent être téléchargés depuis le site Web *www.editions-eyrolles.com*. Il vous suffit pour cela de taper le code **11418** dans le champ <RECHERCHE> de la page d'accueil du site, puis d'appuyer sur ⏎. Vous accéderez ainsi à la fiche de l'ouvrage sur laquelle se trouve un lien vers le fichier à télécharger, *Exercices Excel 2003.exe.* Une fois ce fichier téléchargé sur votre poste de travail, il vous suffit de l'exécuter pour installer automatiquement les fichiers Excel des seize cas pratiques dans un dossier nommé *Exercices Excel 2003,* créé sur le disque *C:* de votre poste de travail.

Les cas pratiques sont particulièrement adaptés en fin de parcours de formation, à l'issue d'un stage ou d'un cours de formation en ligne (e-learning) sur Internet, par exemple.

Téléchargez les fichiers des cas pratiques depuis www.editions-eyrolles.com

SOMMAIRE

Partie 1 - Guide d'utilisation

Partie 2 - Cas pratiques : réalisation d'applications

Index   **195**

PARTIE 1
GUIDE D'UTILISATION

OUTILS DIVERS

1

VÉRIFIER L'ORTHOGRAPHE

1 - LANCER LE VÉRIFICATEUR

• Placez le curseur au début de la feuille à vérifier, ou sélectionnez la plage à vérifier

Cliquez sur ce bouton dans la barre d'outils *Standard*, ou *Outils/Orthographe*, ou appuyez sur F7.

Le dialogue du vérificateur d'orthographe s'affiche dès qu'un mot inconnu est rencontré :

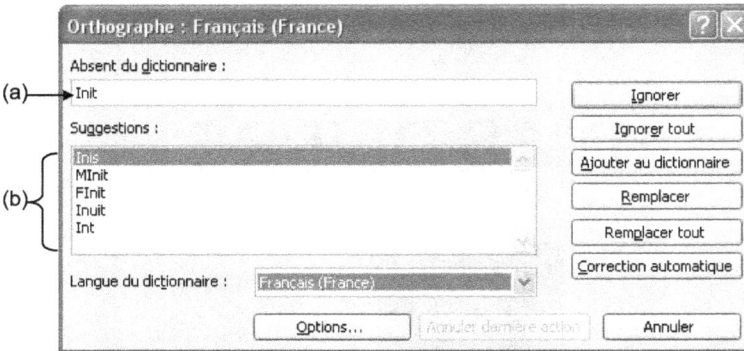

Orthographe : Français (France)	
Absent du dictionnaire :	
(a) → Init	Ignorer
Suggestions :	Ignorer tout
Inis	Ajouter au dictionnaire
MInit	
(b) FInit	Remplacer
Inuit	
Int	Remplacer tout
	Correction automatique
Langue du dictionnaire : Français (France)	
Options... Annuler dernière action	Annuler

Corriger l'orthographe du mot

• Tapez l'orthographe correcte en (a), ou sélectionnez un mot de remplacement dans la liste des suggestions (b)

Puis, cliquez sur l'un des boutons suivants :

– «Remplacer» : corrige uniquement ce mot.

– «Remplacer tout» : corrige toutes les occurrences du mot.

Rôle des autres boutons

– «Ignorer» : laisse le mot inchangé et poursuit la vérification.

– «Ignorer tout» : saute le mot et toutes ses occurrences.

– «Ajouter au dictionnaire» : ajoute le mot au dictionnaire personnel.

Remarque : le bouton «Options...» affiche un dialogue dans lequel il est possible de demander au vérificateur d'ignorer les mots en majuscules, les mots contenant des chiffres, les adresses Internet et les adresses de fichiers.

2 - CORRECTIONS AUTOMATIQUES

La fonction correction automatique est active en permanence et corrige en temps réel le texte que vous saisissez.

Pour ajouter des mots à la liste des corrections automatiques :

• *Outils/Option de correction automatique*

• Vérifiez que la case ☒*Correction en cours de frappe* est cochée

☑ Correction en cours de frappe	
Remplacer :	Par :
(a)	(b)

• Saisissez le mot erroné en (a) et le mot juste en (b)

• Cliquez sur «Ajouter»

Le mot en question est ajouté à la liste de contrôle. Vous pouvez ajouter d'autres mots.

• Cliquez sur «OK» pour terminer

RECHERCHE/REMPLACEMENT

1 - RECHERCHER

Pour rechercher du texte ou des nombres dans les données, les formules ou les commentaires. Il est possible d'utiliser divers caractères génériques.

- *Edition/Rechercher*, ou appuyez sur Ctrl-**F**
- Si nécessaire, cliquez sur «Options…» pour obtenir le dialogue suivant

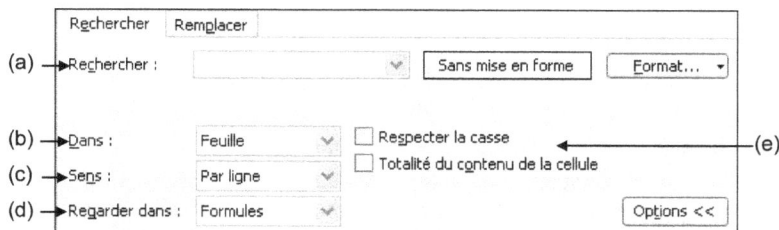

- Tapez la donnée à rechercher en (a). Pour une valeur d'erreur, tapez par exemple #REF!#. Vous pouvez utiliser les caractères génériques * et ? : * remplace une chaîne de caractères et ? remplace un caractère
- Indiquez en (b) si la recherche doit se faire dans la feuille active ou dans le classeur
- Indiquez en (c) le sens de la recherche
- Indiquez en (d) dans quel type de données doit se faire la recherche
- Indiquez en (e) si ce qui a été tapé en (a) est le contenu d'une cellule ou une partie, et si les majuscules/minuscules doivent être prises en compte
- Cliquez sur «Suivant»

Une fois la première occurrence trouvée, Excel la sélectionne. Cliquez alors sur :

- «Suivant» pour rechercher l'occurrence suivante.
- «Rechercher tout» pour rechercher toutes les occurrences et lister leurs adresses dans la partie inférieure du dialogue.
- «Fermer» pour terminer.

Remarque : le bouton «Format» permet d'indiquer que la donnée recherchée doit disposer d'un format particulier. Pour supprimer une indication de format, cliquer sur la flèche associée à ce bouton, puis sur *Effacer la recherche de format*.

2 - REMPLACER

- *Edition/Remplacer*, ou appuyez sur Ctrl-**H**
- Si nécessaire, cliquez sur «Options…» pour afficher la version développée du dialogue
- Dans la zone <Rechercher> : tapez la donnée à remplacer
- Dans la zone <Remplacer par> : tapez la donnée de remplacement
- Indiquez en dessous le sens de la recherche, dans quel type de données doit se faire la recherche, si ce qui a été tapé en (a) est le contenu d'une cellule ou une partie, et si les majuscules/minuscules doivent être prises en compte
- Cliquez sur l'un des boutons suivants :
- «Remplacer tout» pour remplacer toutes les occurrences sans confirmation.
- «Suivant» pour trouver la première occurrence. Une fois qu'elle est trouvée, cliquez sur «Remplacer» pour la remplacer et chercher la suivante, ou cliquez sur «Suivant» pour ne pas la remplacer et chercher la suivante.

Remarque : le bouton «Format» permet d'indiquer que la donnée recherchée ou de remplacement doit avoir un format particulier. Pour supprimer une indication de format, cliquez sur la flèche associée à ce bouton, puis sur *Effacer la recherche de format* ou sur *Effacer le remplacement de format*.

COMMENTAIRES

Pour associer un commentaire à une cellule. Les cellules possédant un commentaire affichent un triangle rouge dans leur coin supérieur droit.

1 - INSÉRER UN COMMENTAIRE
- Cliquez sur la cellule à laquelle associer un commentaire

Cliquez sur ce bouton dans la barre d'outils *Révision*, ou *Insertion/Commentaire,* ou appuyez sur ⇧-F2.

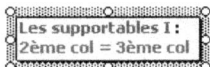

On obtient une zone de texte affichant le nom d'utilisateur spécifié dans la boîte de dialogue *Outils/Options*, sous l'onglet *Général*.

- Saisissez le texte du commentaire (appuyez sur ⏎ pour aller à la ligne)

Il est possible de le déplacer en cliquant sur l'un de ses bords et en le faisant glisser. On peut aussi modifier sa taille à l'aide des poignées qui l'entourent quand il est sélectionné.
- Cliquez à l'extérieur de la zone de commentaire pour terminer

2 - VISUALISER LES COMMENTAIRES

Afficher/Masquer tous les commentaires du classeur

Cliquez sur ce bouton dans la barre d'outils *Révision*, ou *Affichage/Commentaires*.

Afficher ponctuellement un commentaire particulier s'ils ne sont pas tous affichés
- Amenez le pointeur sur la cellule possédant un indicateur de commentaire

On peut afficher les autres commentaires avec ces boutons dans la barre d'outils *Révision* :

Commentaire précédent.   Commentaire suivant.

Afficher en permanence un commentaire particulier s'ils ne sont pas tous affichés
- Cliquez dans la cellule possédant un indicateur de commentaire

Cliquez sur ce bouton dans la barre d'outils *Révision*, ou clic-droit sur la cellule puis cliquez sur *Afficher/masquer les commentaires*.
- Pour masquer le commentaire, cliquez dans la cellule, puis à nouveau sur ce bouton

3 - GESTION DES COMMENTAIRES

Réviser un commentaire
- Sélectionnez la cellule contenant le commentaire

Cliquez sur ce bouton dans la barre d'outils *Révision*, ou *Insertion/Modifier le commentaire*.
- Modifiez le texte du commentaire, puis cliquez à l'extérieur de la zone de commentaire

Supprimer un commentaire
- Sélectionnez la cellule contenant le commentaire

Cliquez sur ce bouton dans la barre d'outils *Révision*, ou clic-droit dans la cellule, puis cliquez sur *Effacer le commentaire*.

Imprimer les commentaires
- *Fichier/Mise en page,* puis cliquez sur l'onglet *Feuille*
- Dans la zone <Commentaires> : sélectionnez *Tel que sur la feuille* ou *À la fin de la feuille*
- Cliquez sur «Imprimer», puis sur «OK»

TRI, TRANSPOSITION, CONVERSION EN EUROS

1 - TRI DE LIGNES

- Sélectionnez la plage à trier
- *Données/Trier*

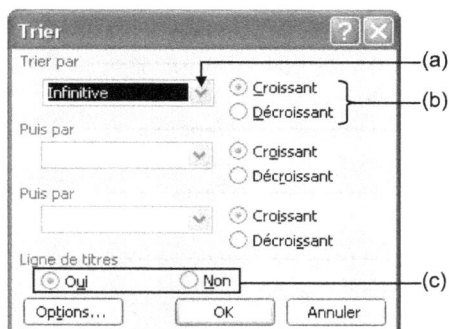

Pour chaque clé, précisez le critère de tri :

- Cliquez sur la flèche en (a) pour dérouler la liste et sélectionnez la colonne dont le contenu doit servir de critère de tri
- Indiquez en (b) le sens du tri
- Précisez en (c) si la première ligne de la sélection contient des libellés à ne pas trier
- Précisez accessoirement d'autres clés de tri en dessous
- Cliquez sur «OK»

Avec la barre d'outils Standard

Tri croissant ou décroissant des lignes sélectionnées. Le contenu de la première colonne sert de critère.

2 - TRANSPOSITION

Transposer un tableau revient à inverser les lignes et les colonnes.

- Sélectionnez la plage à transposer

Cliquez sur ce bouton dans la barre d'outils *Standard*, ou *Edition/Copier*, ou appuyez sur Ctrl-**C**.

- Sélectionnez la cellule située dans le coin supérieur gauche de la zone de collage
- *Edition/Collage spécial*
- Cochez ⊠*Transposé*
- Cliquez sur «OK»

3 - CONVERSION EN EUROS

Pour exporter à une autre position et convertir une plage de cellules d'une monnaie européenne vers une autre, ou en euros.

Cliquez sur ce bouton dans la barre d'outils *Standard*, ou *Outils/Conversion en euro*.

- <Plage source> : indiquez les références de la plage à convertir
- <Plage destination> : indiquez la référence de la cellule où collez le résultat
- <De> : sélectionnez la monnaie d'origine
- <En> : sélectionnez la monnaie dans laquelle convertir
- <Format du résultat> : sélectionnez un format monétaire pour le résultat de la conversion
- Cliquez sur «OK»

GÉNÉRER UNE SÉRIE

Pour remplir une suite de cellules avec des valeurs régulièrement incrémentées.

1 - RECOPIE INCRÉMENTÉE SUR HEURE, DATE ET TEXTE
Quelques exemples de valeurs utilisables :

– 01:00	donne :	02:00	03:00	04:00	05:00
– 01/10/2004	donne :	02/10/2004	03/10/2004	04/10/2004	05/10/2004
– Lun	donne :	Mar	Mer	Jeu	Ven
– Lundi	donne :	Mardi	Mercredi	Jeudi	Vendredi
– Janvier	donne :	Février	Mars	Avril	Mai
– Texte 1	donne :	Texte 2	Texte 3	Texte 4	Texte 5

* Saisissez la première valeur
* Sélectionnez cette cellule, puis cliquez et faîtes glisser la poignée de recopie (carré noir situé dans le coin inférieur droit de la cellule) afin de définir la plage à remplir automatiquement avec des valeurs incrémentées

2 - RECOPIE INCRÉMENTÉE SUR DES NOMBRES
Dans ce cas, il est possible de préciser la valeur de l'incrément (le pas) puisque l'on précise les deux valeurs de départ.

* Saisissez les deux premières valeurs de la série
* Sélectionnez ces deux cellules
* Cliquez et faîtes glisser la poignée de recopie afin de définir la plage à remplir automatiquement avec des valeurs incrémentées

Quand on lâche le bouton de la souris, on obtient :

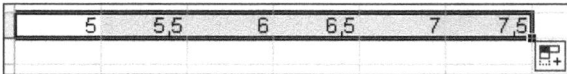

5	5,5	6	6,5	7	7,5

3 - GÉNÉRER UNE SÉRIE À L'AIDE D'UN DIALOGUE
* Tapez la valeur de départ, puis sélectionnez cette cellule et les cellules à remplir
* *Edition/Remplissage/Série*

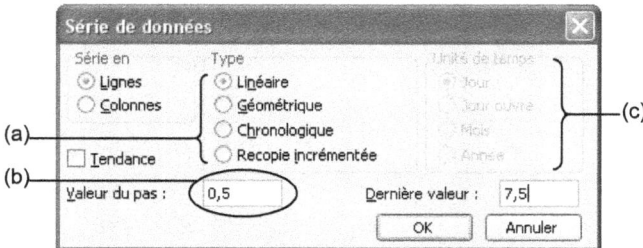

* Choisissez un type de série en (a) :
– *Linéaire* : la valeur du pas est ajoutée.
– *Géométrique* : la valeur est multipliée par le pas.
– *Chronologique* : pour des dates.
* Si le type est chronologique, sélectionnez l'unité de temps en (c)
* Tapez la valeur du pas (l'incrément) en (b)
* Cliquez sur «OK»

LISTES PERSONNALISÉES

Cette fonction permet de créer des listes de libellés de tableau et de les enregistrer afin de pouvoir les réutiliser régulièrement et rapidement.

1 - CRÉER UNE LISTE

Méthode 1

- *Outils/Options*, puis cliquez sur l'onglet *Listes pers.*

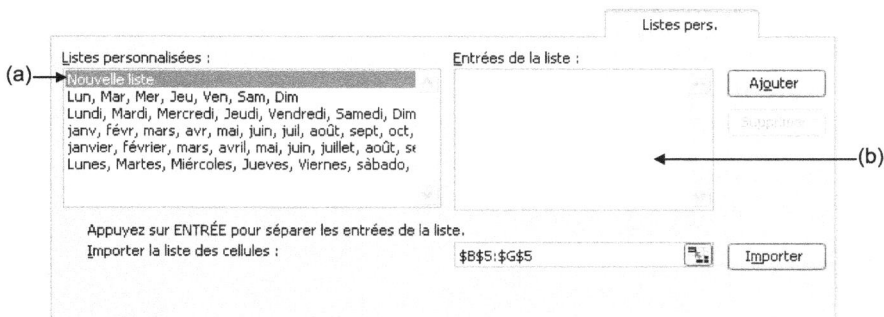

- Sélectionnez *Nouvelle liste* en (a)
- Saisissez en (b) les divers éléments de la liste en les séparant avec ⏎
- Cliquez sur «Ajouter»
- Cliquez sur «OK»

Méthode 2

- Saisissez la liste dans une partie de la feuille de calcul
- Sélectionnez cette liste

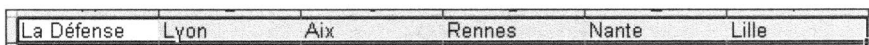

La Défense	Lyon	Aix	Rennes	Nante	Lille

- *Outils/Options*, puis cliquez sur l'onglet *Listes pers.*
- Cliquez sur «Importer»

La liste est ajoutée en (a) et le détail de son contenu est affiché en (b) :

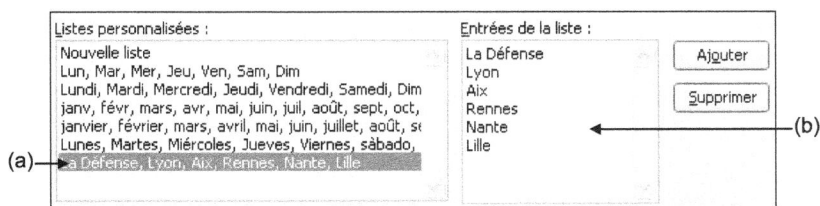

- Cliquez sur «OK»

2 - UTILISER UNE LISTE PERSONNALISÉE

- Tapez dans une cellule un des éléments de la liste
- Sélectionnez cette cellule
- Cliquez et faîtes glisser la poignée de recopie, puis relâchez le bouton de la souris

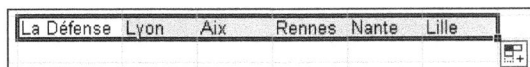

La Défense	Lyon	Aix	Rennes	Nante	Lille

VALIDATION DE DONNÉES

Cette fonction vous permet de contrôler les valeurs pouvant être saisies dans une cellule et d'afficher un message d'erreur si la condition associée à la cellule n'est pas respectée.

1 - CONTRÔLE DE LA DONNÉE SAISIE

- Sélectionnez les cellules dont le contenu doit être validé
- *Données/Validation*, puis cliquez sur l'onglet *Options*
- Sélectionnez en (a) un type de donnée, ou sélectionnez *Liste* pour créer une liste de choix, ou *Longueur du texte* pour limiter la taille de la donnée saisie, ou *Personnalisé* pour utiliser une formule comme critère
  − Pour un type de donnée : spécifiez des bornes.
  − Pour une liste : indiquez les références de la plage contenant les éléments à placer dans la liste.
  − Pour une limitation de longueur : indiquez la taille minimale/maximale autorisée.
  − Pour un type personnalisé : tapez une formule.

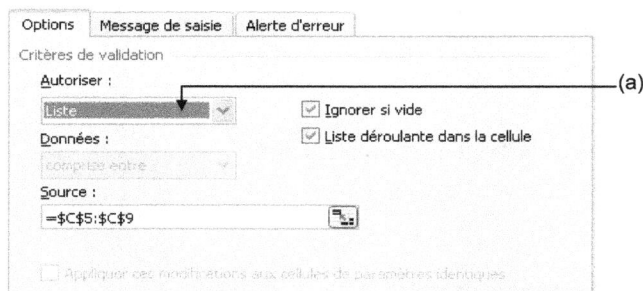

- Cliquez sur «OK»

2 - MESSAGES D'INFORMATION ET D'ERREUR

Créer un message d'information

Pour qu'un message s'affiche dans un encadré jaune quand la cellule est sélectionnée.

- Dans le dialogue de validation des données, cliquez sur l'onglet *Message de saisie*
- \<Titre> : tapez un titre
- \<Message de saisie> : tapez le texte du message
- Cliquez sur «OK»

Créer un message d'erreur

Pour qu'un message s'affiche si la donnée saisie par l'utilisateur n'est pas valide.

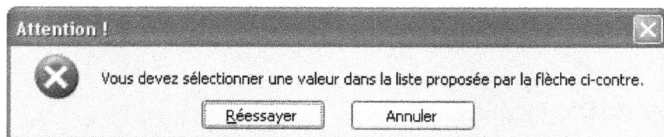

- Dans le dialogue de validation des données, cliquez sur l'onglet *Alerte d'erreur*
- \<Style> : sélectionnez un type d'alerte
- \<Titre> : tapez un titre
- \<Message d'erreur> : saisissez le message d'erreur à afficher
- Cliquez sur «OK»

AUDIT DE FORMULE

Pour mieux comprendre le fonctionnement d'un modèle ou pour retrouver la source d'une erreur, ces outils permettent d'identifier les cellules auxquelles est liée une cellule, d'identifier les cellules dépendantes, de repérer les erreurs et les données invalides, d'évaluer une formule contenant des formules imbriquées, etc. Commencez par afficher la barre d'outils *Audit de formules* :

• *Outils/Audit de formules/Afficher la barre d'outils Audit de formules*

1 - REPÉRER LES ANTÉCÉDENTS D'UNE CELLULE

• Sélectionnez la cellule

Cliquez sur ce bouton dans la barre d'outils *Audit de formules*, ou *Outils/Audit de formules/Repérer les antécédents*.

Des flèches apparaissent et marquent les cellules dont dépend la cellule active. Si vous cliquez à nouveau sur ce bouton, des flèches supplémentaires marqueront les antécédents des cellules actuellement repérées par les flèches bleues.

	Word	Excel	Access	Powerpoint		% d'évolution	C.A. / Trim
Trim 1	343,75	237,5	150	187,5	Trim 1		918,75
Trim 2	375	187,5	168,75	218,75	Trim 2	3,40%	950
Sem 1	718,75	425	318,75	406,25			
Trim 3	312,5	125	100	162,5	Trim 3	26,32%	700
Trim 4	475	312,5	243,75	362,5	Trim 4	99,11%	1393,75
Sem 2	787,5	437,5	343,75	525		25,40%	
Total des ventes sur l'année				3962,5	*Moyenne d'évolution*		

Cliquez sur ce bouton dans la barre d'outils *Audit de formules*, une ou plusieurs fois, pour faire disparaître les flèches.

2 - REPÉRER LES CELLULES DÉPENDANTES

• Sélectionnez la cellule

Cliquez sur ce bouton dans la barre d'outils *Audit de formules*, ou *Outils/Audit de formules/Repérer les dépendants*.

Des flèches apparaissent et marquent les cellules qui dépendent de la cellule active. Si vous cliquez à nouveau sur ce bouton, des flèches supplémentaires marqueront les cellules dépendantes des cellules actuellement repérées par les flèches bleues.

	Word	Excel	Access	Powerpoint		% du C.A.
Trim 1	343,75	237,5	150	187,5	Word	38,01%
Trim 2	375	187,5	168,75	218,75	Excel	21,77%
Sem 1	718,75	425	318,75	406,25	Access	16,72%
Trim 3	312,5	125	100	162,5	Powerpoint	23,50%
Trim 4	475	312,5	243,75	362,5	*Vérif*	*100,00%*
Sem 2	787,5	437,5	343,75	525		*OK*
Total des ventes sur l'année				3962,5		

Cliquez sur ce bouton dans la barre d'outils *Audit de formules*, une ou plusieurs fois, pour faire disparaître les flèches.

3 - REPÉRER UNE ERREUR

Si la cellule active contient une valeur d'erreur, cette fonction dessine des flèches vers la cellule active, à partir des cellules qui ont généré l'erreur. Une cellule contenant une erreur est marquée par un petit triangle vert dans son coin supérieur gauche : #DIV/0!

• Sélectionnez la cellule contenant la valeur d'erreur

Cliquez sur ce bouton dans la barre d'outils *Audit de formules*, ou *Outils/Audit de formules/Repérer une erreur*.

AUDIT DE FORMULE

4 - CERCLER LES DONNÉES INVALIDES

Cette fonction marque à l'aide de cercles rouges les cellules qui contiennent des valeurs non comprises dans les limites que vous avez fixées avec la commande *Données/Validation*.

Cliquez sur ce bouton dans la barre d'outils *Audit de formules* pour afficher les cercles.

Cliquez sur ce bouton dans la barre d'outils *Audit de formules* pour masquer les cercles.

5 - SUPPRIMER TOUTES LES FLÈCHES

Cliquez sur ce bouton dans la barre d'outils *Audit de formules*, ou *Outils/Audit de formules/Supprimer toutes les flèches*.

6 - VÉRIFIER TOUTES LES ERREURS

Pour repérer et corriger les erreurs les unes à la suite des autres à l'aide d'un dialogue.

Cliquez sur ce bouton dans la barre d'outils *Audit de formules*.

La première erreur est sélectionnée et le dialogue suivant s'affiche :

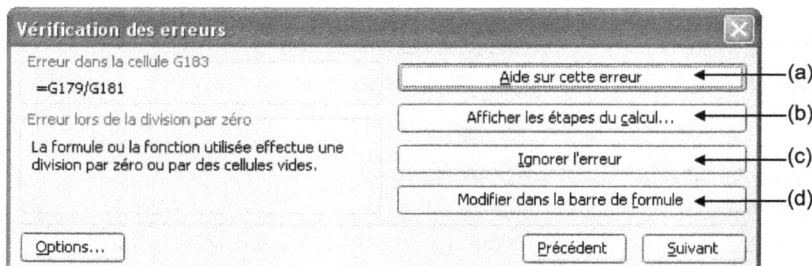

(a) Pour obtenir des explications sur l'erreur.
(b) Pour visualiser les étapes du calcul qui a généré l'erreur.
(c) Pour passer sur cette erreur, Excel signalant parfois de possibles anomalies qui ne sont en fait pas des erreurs.
(d) Pour modifier la formule dans la barre de formules.

- Cliquez sur «Reprendre» si vous avez modifié la formule
- Cliquez sur «Suivant» pour repérer l'erreur suivante

7 - UTILISER LA FENÊTRE ESPIONS

La fenêtre Espions vous permet d'observer des cellules, leur formule et leur résultat dans une fenêtre particulière, même quand ces cellules sont situées en dehors de l'écran.

Cliquez sur ce bouton dans la barre d'outils *Audit de formules*, ou *Outils/Audit de formules/Afficher la fenêtre Espions*.

Ajouter un espion...   Cliquez sur ce bouton dans la fenêtre Espions.

AUDIT DE FORMULE

- Sélectionnez la cellule à observer
- Cliquez sur «Ajouter»
- Répétez la procédure avec les autres cellules à observer

Au fur et à mesure des sélections, vous obtenez :

Class...	Feuille	Nom	Cellule	Valeur	Formule
Exercic...	calcul...		G183	#DIV/0!	=G179/G181
Exercic...	calcul...		E178	3962,5	=SOMME(B174:E...
Exercic...	calcul...		F187	5 794 320,00 €	=SOMME(E182:E...
Exercic...	calcul...		G168	25,40%	=MOYENNE(G16...

Pour supprimer un espion

- Dans la fenêtre Espions, sélectionnez la ligne à supprimer

Supprimer un espion   Cliquez sur ce bouton dans la fenêtre Espions.

Pour masquer la fenêtre Espions

- Cliquez sur sa case de fermeture

8 - ÉVALUER UNE FORMULE IMBRIQUÉE, ÉTAPE PAR ÉTAPE

Quand une formule contient d'autres formules imbriquées, cet outil permet d'évaluer les calculs intermédiaires qui amènent le résultat final.

- Sélectionnez la cellule contenant la formule

Cliquez sur ce bouton dans la barre d'outils *Audit de formules*, ou *Outils/Audit de formules/Évaluation de formule*.

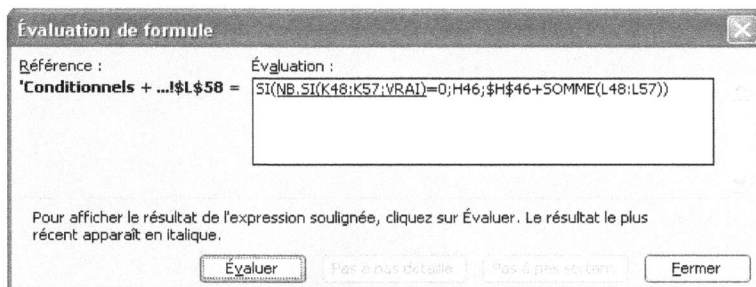

Évaluation de formule

Référence :   Évaluation :
'Conditionnels + ...!$L$58 =   SI(NB.SI(K48:K57;VRAI)=0;H46;$H$46+SOMME(L48:L57))

Pour afficher le résultat de l'expression soulignée, cliquez sur Évaluer. Le résultat le plus récent apparaît en italique.

Évaluer   Pas à pas détaillé   Pas à pas sortant   Fermer

Rôle des boutons :

– «Évaluer» : pour examiner la valeur de la référence soulignée.
– «Pas à pas détaillé» : si la partie soulignée est une référence à une autre formule, cliquez sur ce bouton pour afficher l'autre formule dans la zone <Évaluation>, sous la précédente. Ce bouton n'est pas disponible si la formule se réfère à une cellule d'un autre classeur.
– «Pas à pas sortant» : vous permet de revenir aux cellules et aux formules précédentes.
– «Fermer» : pour terminer.

9 - MODE AUDIT DE FORMULES

Ce mode vous permet d'afficher les formules dans les cellules à la place des valeurs.

- *Outils/Audit de formules/Mode Audit de formules*, ou appuyez sur Ctrl -"
- Repassez cette commande pour mettre fin à ce mode

PROTECTION DE LA FEUILLE ET DU CLASSEUR

1 - EMPÊCHER LA MODIFICATION DU CONTENU DE CERTAINES CELLULES

Par défaut toutes les cellules d'une feuille sont verrouillées (il est impossible d'en modifier la donnée contenue). Mais le verrouillage n'est actif que si vous protégez la feuille.

Pour protéger certaines cellules d'une feuille, il suffit de déverrouiller les cellules dans lesquelles la saisie ou la modification resteront autorisées, puis d'activer la protection de la feuille afin d'interdire toute modification dans les autres cellules.

Déverrouiller complètement certaines cellules

- Sélectionnez les cellules à déverrouiller
- *Format/Cellule*, puis cliquez sur l'onglet *Protection*
- Décochez ⊠*Verrouillée*
- Cliquez sur «OK»

Il ne vous reste plus qu'à protéger la feuille.   `Protéger la feuille...`

Déverrouiller certaines cellules de manière sélective

On peut demander à ce qu'un mot de passe soit réclamé pour pouvoir modifier le contenu des cellules déverrouillées. On peut définir un mot de passe distinct pour chaque plage de cellules déverrouillées.

- Sélectionnez les cellules à déverrouiller
- *Outils/Protection/Permettre aux utilisateurs de modifier des plages*
- Cliquez sur «Nouvelle»
- <Titre> : tapez un nom pour la plage
- <Mot de passe de la plage> : saisissez un mot de passe
- Cliquez sur «OK»
- Saisissez à nouveau le mot de passe
- Cliquez sur «OK»

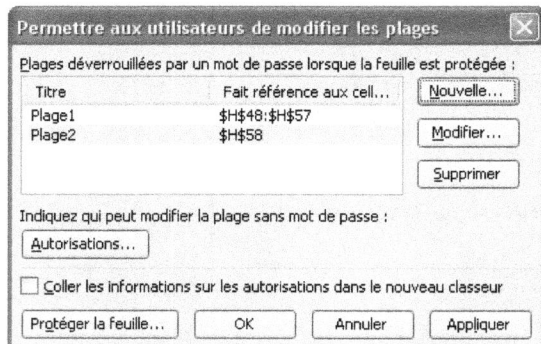

- Cliquez sur «OK»

Il ne vous reste plus qu'à protéger la feuille.   `Protéger la feuille...`

2 - MASQUER LES FORMULES DE CERTAINES CELLULES

Pour masquer la formule dans la barre de formule quand une cellule est sélectionnée.

- Sélectionnez les cellules contenant les formules à masquer
- *Format/Cellule*, puis cliquez sur l'onglet *Protection*
- Cochez ⊠*Masquée*
- Cliquez sur «OK»

Il ne vous reste plus qu'à protéger la feuille.

PROTECTION DE LA FEUILLE ET DU CLASSEUR

3 - PROTÉGER LA FEUILLE

- *Outils/Protection/Protéger la feuille*

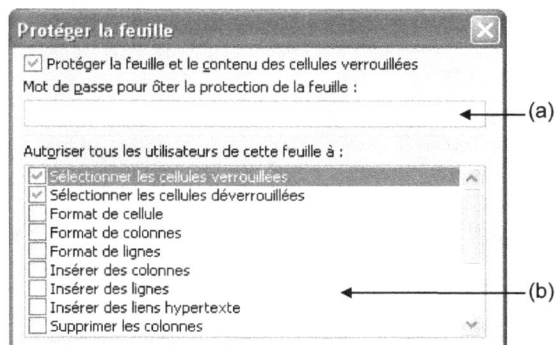

- Saisissez un mot de passe en (a)
- Précisez les éléments de la feuille à protéger : cochez en (b) les actions que les utilisateurs seront autorisés à effectuer
- Cliquez sur «OK»
- Saisissez à nouveau le mot de passe
- Cliquez sur «OK»

Pour ôter la protection

- *Outils/Protection/Ôter la protection de la feuille*
- Saisissez votre mot de passe
- Cliquez sur «OK»

4 - PROTÉGER LE CLASSEUR

Pour protéger la position des fenêtres et la structure du classeur. Les feuilles de calcul ne pourront plus être supprimées, déplacées, masquées, réaffichées, renommées, ni insérées. Les fenêtres ne pourront plus être redimensionnées, ni déplacées.

- *Outils/Protection/Protéger le classeur*

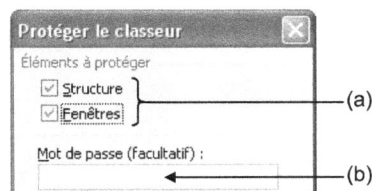

- Cochez en (a) les cases correspondant à ce qui doit être protégé
- Saisissez en (b) un mot de passe
- Cliquez sur «OK»
- Retapez le mot de passe
- Cliquez sur «OK»

Pour ôter la protection

- *Outils/Protection/Ôter la protection du classeur*
- Saisissez votre mot de passe
- Cliquez sur «OK»

AFFICHAGES PERSONNALISÉS

Excel permet d'enregistrer au sein d'un classeur différents affichages personnalisés. Ce type d'affichage enregistre et réactive sur demande les paramètres d'impression d'une feuille de calcul, le masquage de certaines lignes et/ou colonnes, ainsi que les filtres actifs sur une liste de données.

1 - CRÉER UN AFFICHAGE PERSONNALISÉ

- Sélectionnez la feuille dont vous voulez enregistrer les paramètres
- Définissez les paramètres d'impression de la feuille de calcul, masquez les lignes et les colonnes qui doivent l'être, et activez les filtres souhaités s'il s'agit d'une liste de données
- *Affichage/Affichages personnalisés*

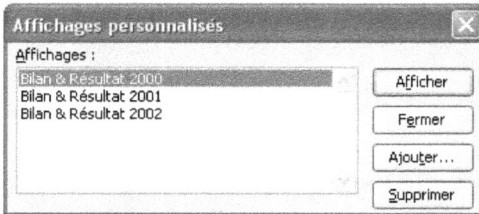

- Cliquez sur «Ajouter»

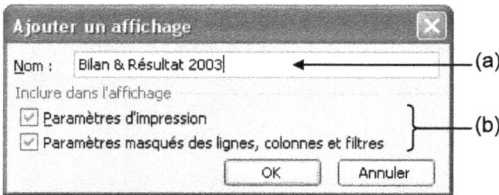

- Saisissez en (a) un nom de cet affichage
- Indiquez en (b) ce qui doit être enregistré dans cet affichage
- Cliquez sur «OK»

2 - UTILISER UN AFFICHAGE PERSONNALISÉ

- *Affichage/Affichages personnalisés*

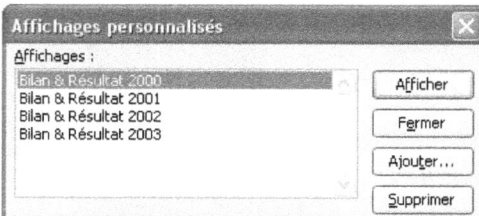

- Sélectionnez l'affichage à activer
- Cliquez sur «Afficher»

Remarque : dans le dialogue précédent, le bouton «Supprimer» permet d'effacer un affichage personnalisé.

IMAGES, DESSINS
ET GRAPHIQUES

2

INSÉRER UNE IMAGE

Vous pouvez importer des images enregistrées sur votre disque dur, scanner directement une image dans une feuille de calcul, ou récupérer une image à partir de la Bibliothèque multimédia (une collection de dessins et d'images livrée avec Office) ou de la Bibliothèque multimédia en ligne (une collection de dessins et d'images accessible sur le Web).

1 - IMPORTER UNE IMAGE ENREGISTRÉE DANS UN FICHIER

- Placez le curseur là où l'image doit être insérée
- *Insertion/Image/À partir du fichier*

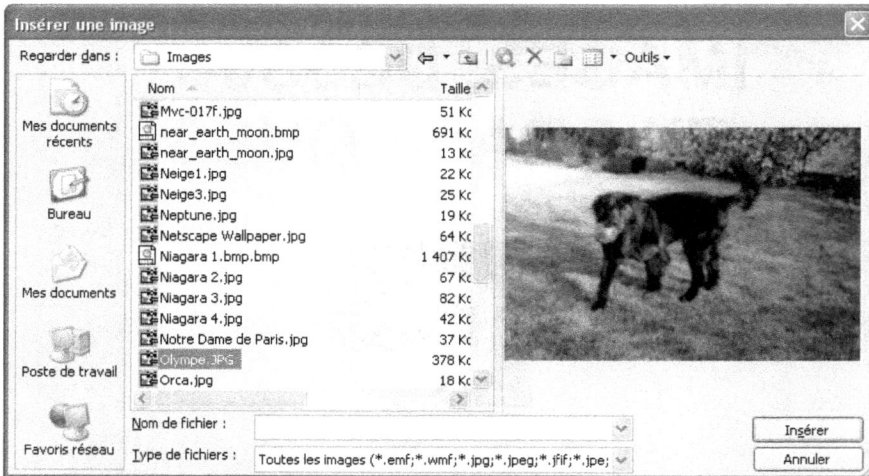

- Sélectionnez le dossier, puis le nom du fichier image
- Cliquez sur «Insérer»

2 - SCANNER UNE IMAGE DIRECTEMENT DANS EXCEL

- Placez le curseur là où l'image devra apparaître
- *Insertion/Image/À partir d'un scanneur ou d'un appareil-photo numérique*
- Cliquez sur «Insertion personnalisée»
- Indiquez le type de numérisation souhaitée (couleur, noir et blanc, etc.)
- Cliquez sur «Numériser»

L'image scannée apparaît à la position de la cellule active dans la feuille de calcul en cours.

3 - RECHERCHER UNE IMAGE DANS LA BIBLIOTHÈQUE LOCALE

- Sélectionnez la cellule où l'image doit être insérée
- *Insertion/Image/Images clipart*

Le volet Office *Images clipart* s'affiche :

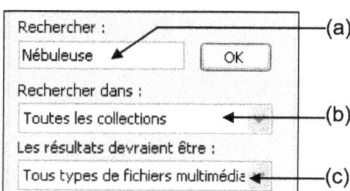

INSÉRER UNE IMAGE

- Saisissez un mot-clé en (a)
- Indiquez en (b) dans quelles collections effectuer la recherche
- Indiquez en (c) le type de fichier multimédia recherché (image, photo, film ou son)
- Cliquez sur «OK» dans le volet Office

Les images trouvées sont alors listées sous forme de vignettes dans le volet Office. Par défaut, si vous êtes connecté à Internet, aux images de la Bibliothèque locale s'ajoutent automatiquement celles trouvées sur le site Web *Office Online* (les vignettes associées à ces images comportent une icône en forme de globe dans leur coin inférieur gauche).

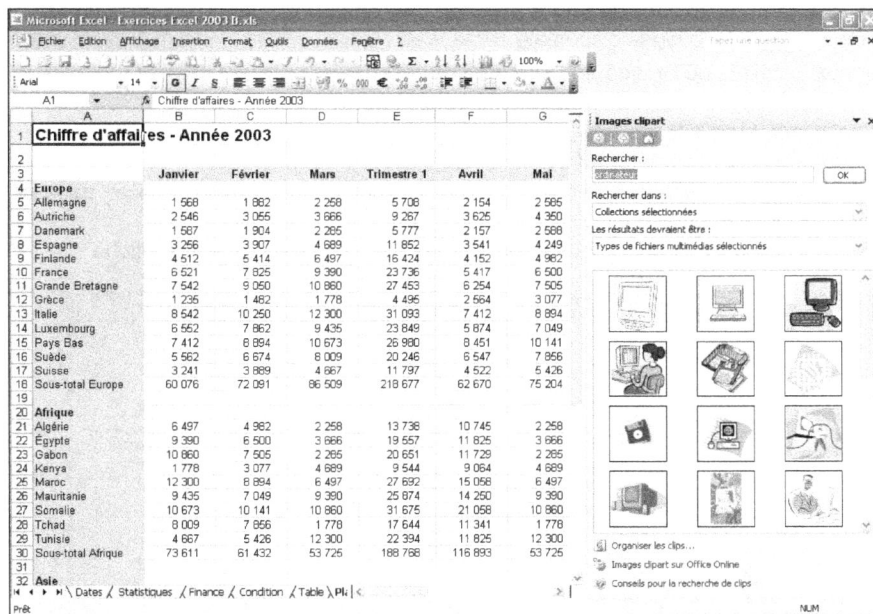

- Cliquez sur la vignette de l'image à récupérer pour la placer dans la feuille de calcul
- Refermez le volet Office en cliquant sur sa case de fermeture

Consulter le contenu de la Bibliothèque multimédia locale et ses catégories

- *Insertion/Image/Images clipart*
- Dans la partie inférieure du volet Office, cliquez sur le lien *Organiser les clips*

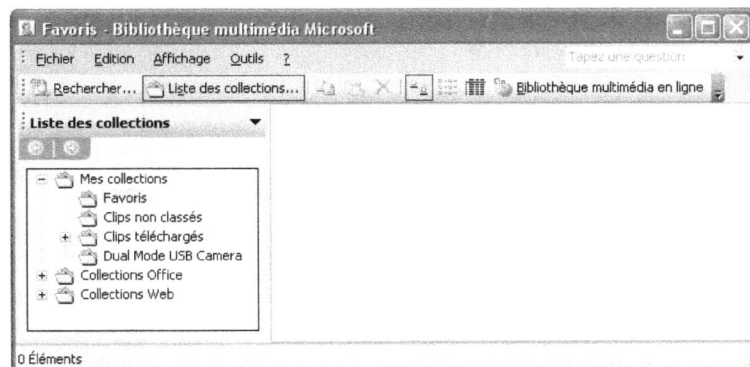

INSÉRER UNE IMAGE

- Cliquez sur le signe **+** qui précède le terme *Collections Office*
- De la même façon, développez le contenu de l'un des sous-dossiers afin de visualiser dans la partie droite de la fenêtre les images qu'il contient
- Cliquez sur l'image de votre choix et faîtes-la glisser sur la feuille de calcul
- Réaffichez la fenêtre de la Bibliothèque multimédia, puis cliquez sur sa case de fermeture
- Fermez le volet Office

4 - RECHERCHER UNE IMAGE DANS LA BIBLIOTHÈQUE EN LIGNE

Pour rechercher et récupérer une image à partir de la Bibliothèque multimédia en ligne, une collection de dessins et d'images disponible sur le Web.

- Sélectionnez la cellule où l'image doit être insérée
- *Insertion/Image/Images clipart* pour afficher le volet Office *Images clipart*
- Dans le volet, cliquez sur le lien *Images clipart sur Office Online*
- Si le dialogue de connexion Internet s'affiche, cliquez sur «Connecter»
- Il se peut qu'un premier écran vous demande d'accepter les termes de la licence : dans ce cas, cliquez sur «J'accepte»

Internet Explorer est lancé et la rubrique *Images clipart* du site *Office Online* s'affiche :

- Sélectionnez en (a) le type de support souhaité
- Tapez un mot-clé en (b)

Cliquez sur cette flèche à droite de la zone de saisie pour lancer la recherche.

Ou

- Plus bas dans la fenêtre, cliquez sur le lien hypertexte associé à une famille d'images

INSÉRER UNE IMAGE

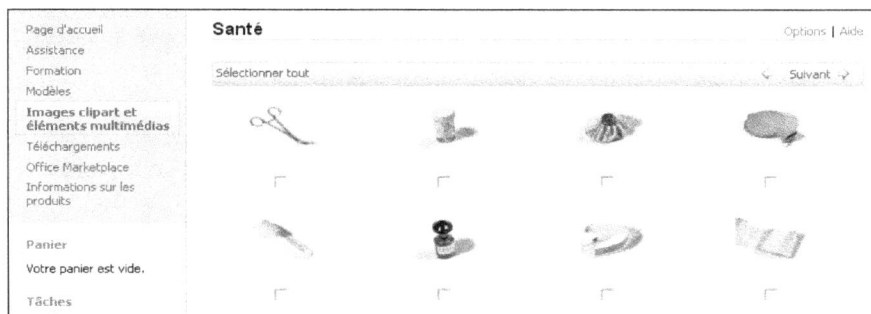

- Cochez les cases associées aux images que vous souhaitez télécharger

(a) Nombre d'élément à télécharger.

(b) Taille du panier.

(c) Durée moyenne du téléchargement.

- Cliquez sur le lien (d) : *Télécharger x éléments*
- Cliquez sur «Télécharger maintenant»
- Dans le dialogue *Téléchargement de fichier*, cliquez sur «Ouvrir»

Les images sélectionnées sont alors téléchargées et stockées dans la catégorie *Mes collections/Images téléchargées* de la Bibliothèque Multimédia locale. La fenêtre de la Bibliothèque Multimédia locale s'affiche automatiquement :

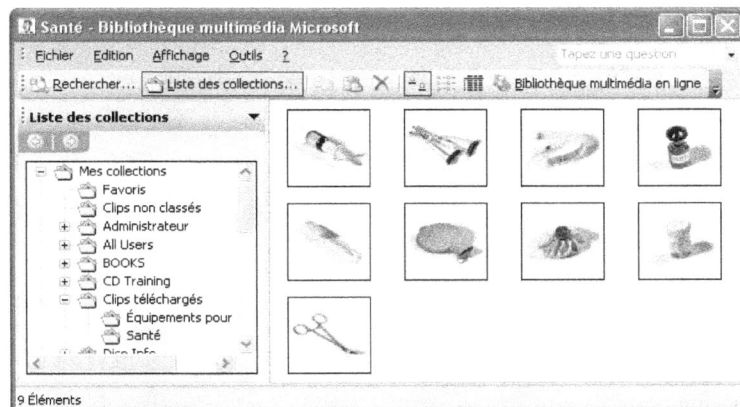

- Fermez la fenêtre d'Internet Explorer
- Cliquez sur l'image de votre choix et faîtes-la glisser sur la feuille de calcul
- Réaffichez la fenêtre de la Bibliothèque multimédia et cliquez sur sa case de fermeture

DESSINER DES OBJETS GRAPHIQUES

Vous pouvez illustrer vos tableaux à l'aide de flèches et de formes géométriques diverses.
Vous pouvez également placer des textes dans des cadres indépendants (zones de texte).

1 - DESSINER UNE FORME GRAPHIQUE

Commencez par afficher la barre d'outils *Dessin* :

Cliquez sur ce bouton dans la barre d'outils *Standard* pour afficher la barre d'outils *Dessin*. Par la suite, cliquez sur ce même bouton pour la masquer.

(a)   (b)   (c)   (d) (e) (f) (g) (h) (i) (j)   (k) (l)

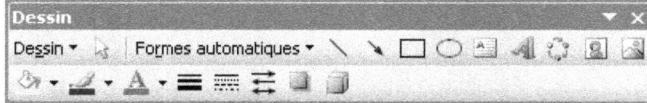

Dessin
Dessin ▾   Formes automatiques ▾   \   ➘   □   ○   ▣   ◢   ✿   ▨   ▨
◇ ▾   ✎ ▾   A ▾   ☰   ☷   ⇄   ▣   ▤

(m)   (n)   (o)   (p) (q) (r) (s) (t)

(a) Commandes diverses.	(k) Insérer une image de la bibliothèque.
(b) Sélection d'objet.	(l) Insérer une image depuis un fichier.
(c) Formes automatiques.	(m) Couleur de remplissage.
(d) Trait.	(n) Couleur du contour.
(e) Flèche.	(o) Couleur de la police.
(f) Rectangle.	(p) Style de trait.
(g) Ellipse.	(q) Style de ligne.
(h) Zone de texte.	(r) Style de flèche.
(i) Insérer un titre WordArt.	(s) Ombre portée.
(j) Insérer un diagramme/organigramme.	(t) Effets 3D.

- Cliquez sur le bouton associé à la forme à créer
- Cliquez et faîtes glisser le pointeur sur la feuille de calcul pour créer l'objet

Remarque : le bouton «Formes automatiques» donne accès à de nombreuses formes courantes (flèches, boîtes, bulles de légende, etc.).

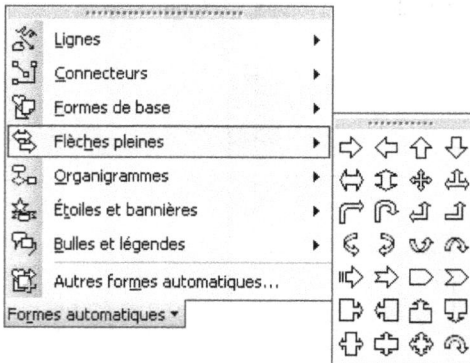

Formes automatiques	
⤢ Lignes	▸
⌐ Connecteurs	▸
⬚ Formes de base	▸
⮡ Flèches pleines	▸
⬚ Organigrammes	▸
✦ Étoiles et bannières	▸
⬚ Bulles et légendes	▸
⬚ Autres formes automatiques...	
Formes automatiques ▾	

La plupart des formes automatiques acceptent que l'on tape un texte à l'intérieur : cliquez dans la forme, ou faîtes un clic-droit sur la forme et cliquez sur *Ajouter du texte*.

Pour modifier le texte, cliquez dans la forme, ou faîtes un clic-droit sur la forme et cliquez sur *Modifier le texte*.

2 - CRÉER UNE ZONE DE TEXTE

Cliquez sur ce bouton dans la barre d'outils *Dessin* : le pointeur change de forme.

- Cliquez et faîtes glisser le pointeur pour créer un rectangle sur la feuille
- Saisissez le texte dans ce rectangle
- Cliquez hors de la zone de texte pour terminer

METTRE EN FORME IMAGES ET OBJETS

1 - MANIPULER LES OBJETS ET LES IMAGES

Sélectionner un ou plusieurs objets
– Un seul : cliquez sur une zone pleine de l'objet ou sur l'un de ses bords.
– Plusieurs : maintenez la touche ⇧ appuyée, puis cliquez successivement sur les objets.

Dimensionner un objet
- Sélectionnez l'objet, puis cliquez et faîtes glisser l'une les poignées (les petits cercles blancs qui entourent l'objet)

Supprimer un/des objets
- Sélectionnez un ou plusieurs objets, puis appuyez sur Suppr

Déplacer un objet
- Cliquez sur une partie pleine ou sur un bord de l'objet et faîtes-le glisser (le pointeur prend la forme et d'une croix)

Grouper, dissocier ou regrouper des objets
- Sélectionnez les objets à grouper ou l'objet à dissocier (dégrouper)

Dessiner ▾ : Cliquez sur ce bouton dans la barre d'outils *Dessin*, puis cliquez sur *Grouper*, ou *Dissocier*, ou *Regrouper*.

Changer l'ordre de superposition des objets
- Cliquez sur l'objet ou sur l'un de ses bords pour le sélectionner

Dessiner ▾ : Cliquez sur ce bouton dans la barre d'outils *Dessin*, cliquez sur *Ordre*, puis sélectionnez un niveau de plan

Modifier la forme de certains objets
- Cliquez sur l'objet ou sur l'un de ses bords pour le sélectionner
– Faîtes glisser les poignées vertes pour effectuer une rotation.
– Faîtes glisser les poignées jaunes pour modifier la direction des connecteurs.

2 - METTRE EN FORME UN OBJET OU UNE IMAGE
- Cliquez sur l'image, l'objet, ou sur l'un de ses bords pour le sélectionner
- *Format/Image*, ou *Format/Forme automatique*, ou appuyez sur Ctrl-1
- Faîtes vos choix sous les divers onglets
- Cliquez sur «OK»

3 - EFFETS DIVERS SUR LES IMAGES
- Sélectionnez l'image et affichez la barre d'outils *Image* si elle n'apparaît pas

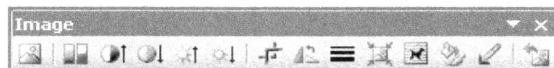

(a) (b) (c) (d) (e) (f)   (g) (h) (i) (j)   (k) (l) (m)   (n)

(a) Insérer une image depuis un fichier.	(h) Faire pivoter l'image à gauche de 90°.
(b) Contrôle de l'image.	(i) Style du trait.
(c) Contraste plus accentué.	(j) Compresser l'image.
(d) Contraste moins accentué.	(k) Habillage du texte
(e) Luminosité plus accentuée.	(l) Format de l'image.
(f) Luminosité moins accentuée.	(m) Couleur transparente.
(g) Rogner une image.	(n) Réinitialiser l'image.

CRÉER UN GRAPHIQUE DE GESTION

Excel permet d'illustrer vos tableaux à l'aide de graphiques. Un graphique peut être créé dans une feuille indépendante de type graphique ou être incorporé dans une feuille de calcul.

1 - TERMINOLOGIE

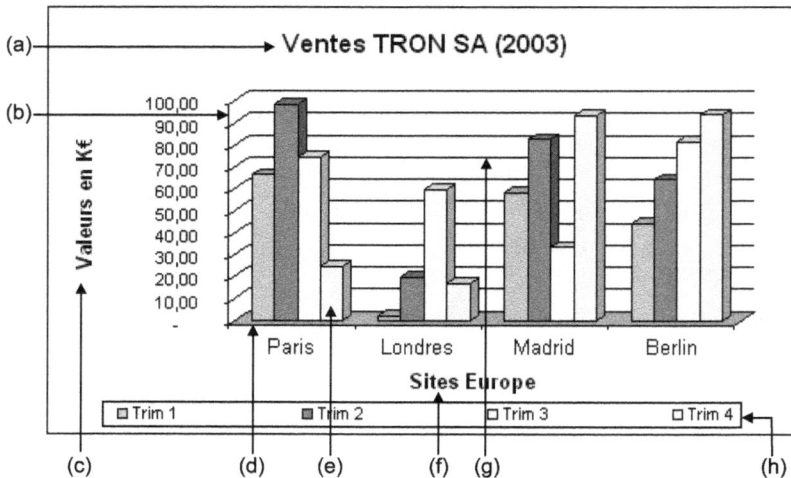

(a) Titre du graphique.
(b) Axe des ordonnées (Y).
(c) Titre de l'axe Y.
(d) Axe des abscisses (X).

(e) Série (une ligne/colonne du tableau).
(f) Titre de l'axe X.
(g) Quadrillage.
(h) Légende.

2 - CRÉER UN GRAPHIQUE

- Sélectionnez le tableau contenant les données, en incluant les étiquettes de lignes et de colonnes

Cliquez sur ce bouton dans la barre d'outils *Standard*, ou *Insertion/Graphique*.

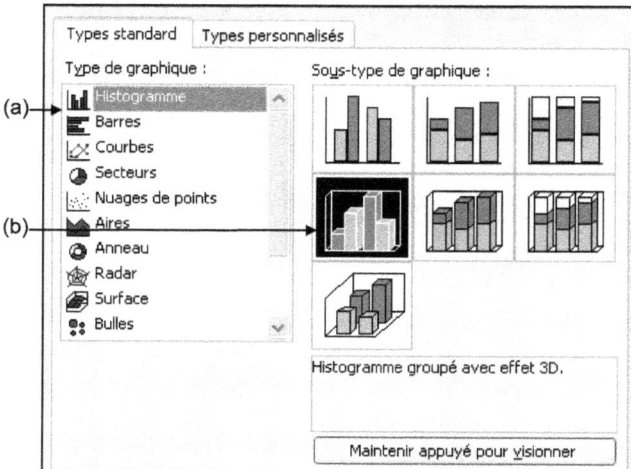

- Sélectionnez un type de graphique en (a), puis l'un des sous-types en (b)

CRÉER UN GRAPHIQUE DE GESTION

Il est possible d'obtenir un aperçu du résultat en cliquant sur le bouton «Maintenir appuyé pour visionner».

- Cliquez sur «Suivant»
- Indiquez le sens des séries : les valeurs sont-elles en ligne ou en colonne ?
- Cliquez sur «Suivant»

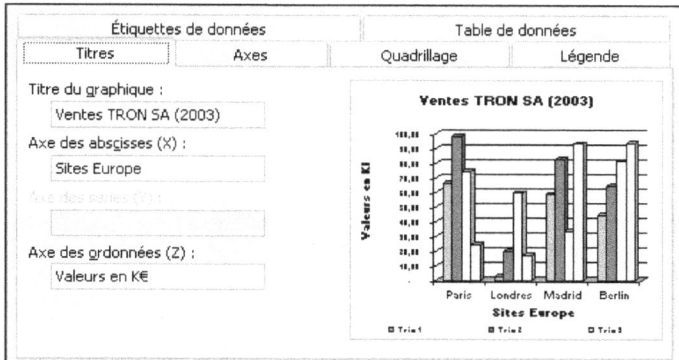

- Précisez, sous chaque onglet, les éléments à ajouter au graphique : titres, axes, etc.

Les onglets disponibles varient en fonction du type de graphique choisi. Vos choix s'appliquent immédiatement et vous visualisez le résultat dans l'aperçu.

- Cliquez sur «Suivant»

- Indiquez où créer le graphique : dans une nouvelle feuille de type graphique qui sera nommée *Graph1*, dans la feuille de calcul en cours, ou dans une autre feuille
- Cliquez sur «Terminer»

Le graphique s'affiche. On peut modifier sa taille ou le déplacer comme une image.

3 - CHANGER L'EMPLACEMENT DU GRAPHIQUE DANS LE CLASSEUR

- Sélectionnez le graphique en cliquant dessus
- *Graphique/Emplacement*

- Sélectionnez une autre feuille de calcul en (b) ou une nouvelle feuille graphique en (a)
- Cliquez sur «OK»

CHANGER LE TYPE DU GRAPHIQUE

1 - AVEC LA BARRE D'OUTILS GRAPHIQUE

- Affichez la feuille graphique dans le cas d'un graphique indépendant, ou cliquez sur le graphique pour un graphique incorporé

Cliquez sur la flèche associée à ce bouton dans la barre d'outils *Graphique*.

La liste des différents types de graphiques s'affiche sous forme de boutons. Cliquez sur le bouton associé au type de votre choix.

2 - AVEC UN DIALOGUE

Vous disposerez d'un plus grand nombre d'options. Lorsque vous créez un graphique ou que vous souhaitez changer le type d'un graphique, vous pouvez choisir entre un type de graphique standard et un type de graphique personnalisé.

- Affichez la feuille graphique dans le cas d'un graphique indépendant, ou cliquez sur le graphique pour un graphique incorporé
- *Graphique/Type de graphique*

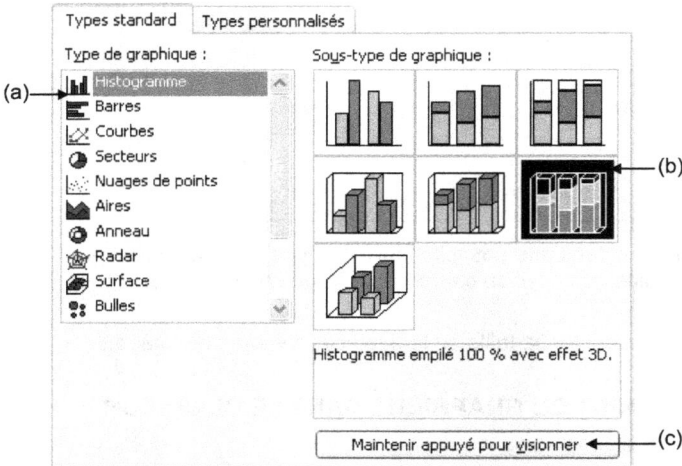

Choisir un type de graphique standard

- Cliquez sur l'onglet *Types standard*
- Sélectionnez en (a) le type de graphique souhaité et sa variante en (b)
- Cliquez sur (c) pour en visualiser le résultat
- Cliquez sur «OK»

Choisir un type de graphique personnalisé

- Cliquez sur l'onglet *Types personnalisés*
- Cochez ❍ *Types prédéfinis* et sélectionnez un type de graphique dans la liste
- Cliquez sur «OK»

AJOUTER DES ÉLÉMENTS AU GRAPHIQUE

Pour accéder à ces commandes : affichez la feuille graphique, ou s'il s'agit d'un graphique incorporé, cliquez sur son cadre.

1 - AJOUTER UN TITRE AU GRAPHIQUE ET AUX AXES
- *Graphique/Options du graphique*, puis cliquez sur l'onglet *Titres*
- <Titre du graphique> : saisissez le titre

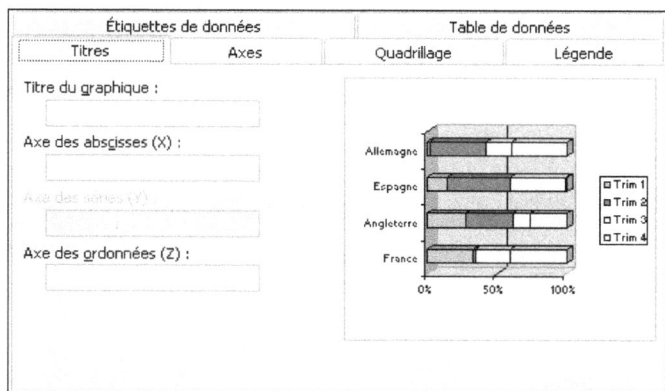

- <Axe des > : saisissez le texte du titre de l'axe
- Cliquez sur «OK»

Pour modifier le texte d'un titre :
- Cliquez dessus pour le sélectionner, puis cliquez à nouveau dessus pour y insérer le curseur
- Modifiez le texte, puis cliquez en dehors pour en valider la modification

Pour supprimer un titre :
- Cliquez sur le titre pour le sélectionner et appuyez sur `Suppr`

2 - AJOUTER UN TEXTE LIBRE
- Saisissez le texte puis appuyez sur `↵`
Le texte est alors placé dans une zone de texte, au milieu du graphique.
- Cliquez sur l'un de ses bords grisés et faîtes-la glisser à la position souhaitée

Pour en modifier le contenu :
- Cliquez dans la zone de texte et modifiez son contenu

Pour le supprimer :
- Cliquez sur un des bords de la zone de texte pour la sélectionner et appuyez sur `Suppr`

3 - AJOUTER OU MASQUER LA LÉGENDE
Cliquez sur ce bouton dans la barre d'outils *Graphique*.

Pour en changer la position :
- Cliquez dans la légende et faîtes la glisser

Pour la positionner de manière standard :
- Double-clic sur la légende
- Cliquez sur l'onglet *Emplacement*

AJOUTER DES ÉLÉMENTS AU GRAPHIQUE

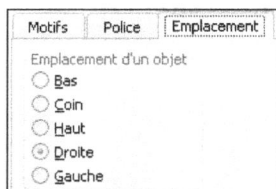

Motifs	Police	Emplacement

Emplacement d'un objet
- ○ Bas
- ○ Coin
- ○ Haut
- ⦿ Droite
- ○ Gauche

Sélectionnez une position pour la légende.

- Cliquez sur «OK»

Pour la supprimer :
- Cliquez sur le cadre affichant la légende pour la sélectionner et appuyez sur ⌷Suppr⌷

4 - AJOUTER UNE FLÈCHE

Cliquez sur ce bouton dans la barre d'outils *Standard* pour afficher la barre d'outils *Dessin*.

Cliquez sur ce bouton dans la barre d'outils *Dessin*.

- Cliquez et faîtes glisser le pointeur pour tracer la flèche

Pour la modifier :
- Cliquez sur la flèche pour la sélectionner
- Cliquez et faîtes glisser les poignées (les petits cercles blancs) à ses extrémités

5 - AFFICHER UN QUADRILLAGE

Les graphiques en secteurs ou en anneau ne peuvent pas avoir de quadrillage.
- *Graphique/Options du graphique*, puis cliquez sur l'onglet *Quadrillage*

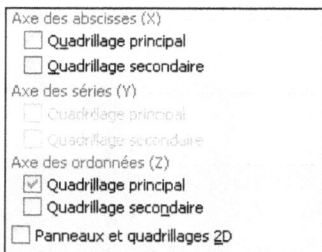

Axe des abscisses (X)
- ☐ Quadrillage principal
- ☐ Quadrillage secondaire

Axe des séries (Y)
- ☐ Quadrillage principal
- ☐ Quadrillage secondaire

Axe des ordonnées (Z)
- ☑ Quadrillage principal
- ☐ Quadrillage secondaire

- ☐ Panneaux et quadrillages 2D

Pour chaque axe, indiquez si un quadrillage principal et/ou un quadrillage secondaire doit apparaître.

- Cliquez sur «OK»

6 - AJOUTER DES ÉTIQUETTES DE DONNÉES

Il s'agit de faire apparaître les valeurs, un pourcentage, le nom de la série ou le libellé de l'axe des X sur le graphique, à côté des points.

- *Graphique/Options du graphique*, puis cliquez sur l'onglet *Etiquettes de données*
- Indiquez ce qui doit apparaître
- Cliquez sur «OK»

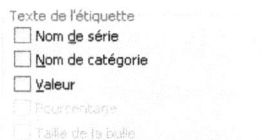

Texte de l'étiquette
- ☐ Nom de série
- ☐ Nom de catégorie
- ☐ Valeur
- ☐ Pourcentage
- ☐ Taille de la bulle

7 - AFFICHER LES DONNÉES (LE TABLEAU) SOUS LE GRAPHIQUE

Cliquez sur ce bouton dans la barre d'outils *Graphique*.

METTRE EN FORME LE GRAPHIQUE

Un graphique est constitué d'objets indépendants dont on peut modifier la mise en forme :

– Axes	– Plancher	– Zone graphique
– Légende	– Quadrillage	– Zone de traçage
– Fond (panneaux)	– Titres	– Séries
– Étiquettes	– Table de données	

Pour cela :

- Cliquez dans le graphique, puis sur l'élément à mettre en forme pour le sélectionner

Cliquez sur ce bouton dans la barre d'outils *Graphique*.

Ou

- Cliquez dans le graphique
- Déroulez la liste associée au bouton «Objets» dans la barre d'outils *Graphique* et sélectionnez le nom de l'élément à mettre en forme

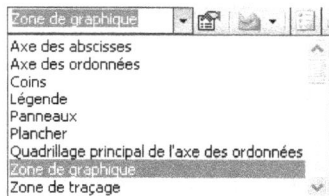

Zone de graphique

Axe des abscisses
Axe des ordonnées
Coins
Légende
Panneaux
Plancher
Quadrillage principal de l'axe des ordonnées
Zone de graphique
Zone de traçage

Cliquez sur ce bouton dans la barre d'outils *Graphique*.

Ou

- Cliquez dans le graphique, puis double-clic sur l'élément à mettre en forme

Un dialogue s'affiche. Il regroupe toutes les mises en forme possibles sur ce type d'objet.

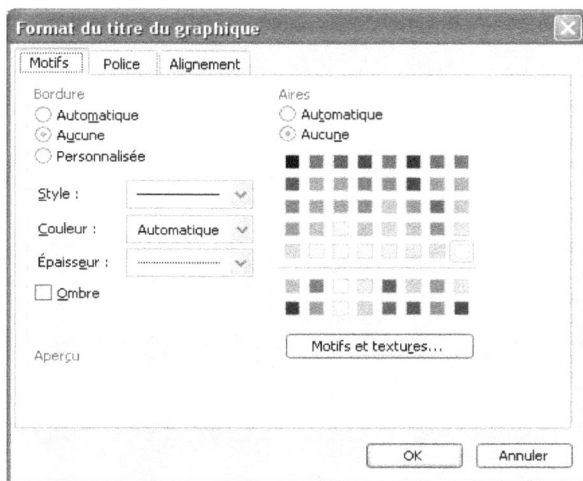

Format du titre du graphique

Motifs | Police | Alignement

Bordure
○ Automatique
⊙ Aucune
○ Personnalisée

Style :
Couleur : Automatique
Épaisseur :
☐ Ombre

Aperçu

Aires
○ Automatique
⊙ Aucune

Motifs et textures...

OK | Annuler

- Faîtes vos choix sous les divers onglets
- Cliquez sur «OK»

Remarque :

Excel propose deux boutons dans la barre d'outils *Graphique* qui permettent de mettre en biais les libellés des axes (au préalable, sélectionnez un axe).

OPTIONS POUR LES GRAPHIQUES

1 - OPTIONS POUR TOUS LES GRAPHIQUES
- Cliquez sur le graphique pour le sélectionner
- *Outils/Options*, puis cliquez sur l'onglet *Graphique*

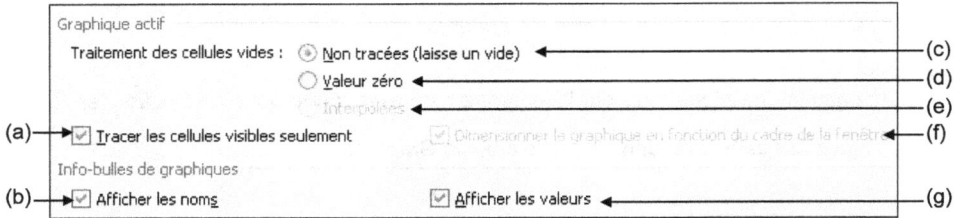

(a) Met automatiquement le graphique à jour de manière à ne tenir compte que des cellules affichées sur la feuille de calcul et pas de celles masquées.

(b) Permet d'afficher les noms dans le graphique quand le pointeur passe sur un élément.

(c) Laisse des espaces sur la courbe pour les cellules vides.

(d) Considère les cellules vides comme valant zéro.

(e) Les cellules vides sont interprétées comme des valeurs intermédiaires, des lignes de connexion sont insérées bien que ces cellules soient vides.

(f) Permet de dimensionner les feuilles graphiques par rapport à la fenêtre de manière à ce que le graphique occupe toujours la totalité de la fenêtre. Cette option n'est disponible que pour les feuilles de type graphique et non pour les graphiques incorporés.

(g) Affiche les valeurs dans le graphique quand le pointeur se trouve sur un élément.

- Faîtes vos choix, puis cliquez sur «OK»

2 - OPTIONS POUR LES GRAPHIQUES 3D
Excel permet de modifier les caractéristiques de la vue pour les graphiques 3D en leur faisant subir une rotation, un changement de perspective, etc.
- Sélectionnez le graphique
- *Graphique/Vue 3D*

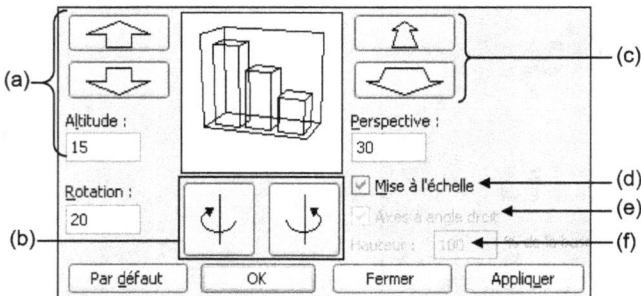

(a) Altitude de la vue : cliquez sur les flèches ou saisissez une valeur

(b) Rotation : cliquez sur les boutons ou saisissez une valeur d'angle (0 à 360).

(c) Perspective, par incréments de 5°, de 0 à 100 (la case (e) doit être décochée).

(d) Mise à l'échelle en cas de transformation d'un graphique 2D en un graphique 3D.

(e) Impose que les angles des axes soient droits.

(f) Hauteur de l'axe vertical en pourcentage de la taille de l'axe horizontal.

- Faîtes vos choix, puis cliquez sur «OK»

MANIPULER LES SÉRIES DE DONNÉES

1 - UTILISER DES SÉRIES DISJOINTES

Il vous est possible d'afficher graphiquement des données qui ne font pas partie du même tableau, ou de n'afficher graphiquement que certaines lignes/colonnes d'un tableau.

- Sélectionnez la première série
- Maintenez appuyée la touche ⌈Ctrl⌉ puis sélectionnez successivement les autres séries
- Relâchez la touche ⌈Ctrl⌉, puis créez le graphique de la manière habituelle

2 - AJOUTER UNE SÉRIE À UN GRAPHIQUE EXISTANT

Méthode 1

- Sélectionnez le graphique
- *Graphique/Ajouter des données*
- Sélectionnez dans la feuille de calcul les données à ajouter
- Cliquez sur «OK»

Méthode 2

- Sélectionnez dans la feuille de calcul la plage contenant les données de la série
- Cliquez sur le bord de la sélection et faîtes la glisser sur le graphique

3 - SUPPRIMER UNE SÉRIE DANS UN GRAPHIQUE

- Dans le graphique, cliquez sur la série pour la sélectionner
- Appuyez sur ⌈Suppr⌉

4 - MODIFIER L'ORDRE DE TRAÇAGE DES SÉRIES DE DONNÉES

- Double-clic sur une série de données, puis cliquez sur l'onglet *Ordre des séries*
- <Ordre des séries> : cliquez sur la série à déplacer
- Cliquez sur «Monter» ou «Descendre»
- Cliquez sur «OK»

5 - CHANGER LES DONNÉES SOURCES D'UNE SÉRIE

- Sélectionnez le graphique
- *Graphique/Données source*, puis cliquez sur l'onglet *Série*
- <Série> : sélectionnez la série à modifier
- <Nom> : saisissez un nom
- <Valeurs> : précisez les références de la plage contenant les données de la série
- <Étiquettes de l'axe des abscisses> : précisez les références de la plage contenant les libellés de la série
- Cliquez sur «OK»

6 - MÉLANGER LES TYPES DANS UN MÊME GRAPHIQUE

Un graphique Excel peut afficher plusieurs séries avec des types différents, par exemple un histogramme et une courbe. Attention : cette option ne fonctionne pas avec les graphiques de type 3D.

Pour modifier le type de l'une des séries :

- Cliquez sur le graphique, puis sur la série pour la sélectionner
- *Graphique/Type de graphique*, puis cliquez sur l'onglet *Types standard*
- Choisissez un type pour la série sélectionnée
- Cliquez sur «OK»

COURBES DE TENDANCE

Cette fonction trace automatiquement une courbe de tendance (plusieurs méthodes sont proposées) à partir de l'une des séries d'un graphique. La série doit être représentée par une courbe, un histogramme, des barres ou par un nuage de points.

Exemple :

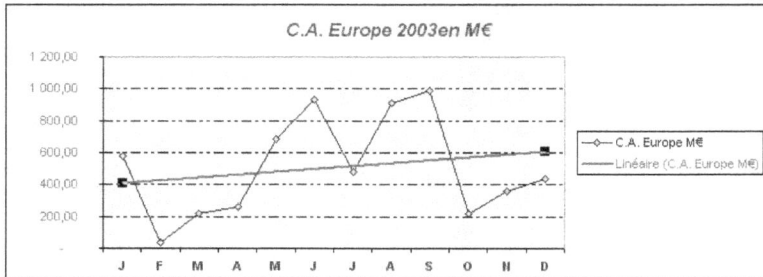

- Pour accéder à cette commande : affichez la feuille graphique, ou, s'il s'agit d'un graphique incorporé, cliquez dans son cadre
- Sélectionnez la série en cliquant dessus
- *Graphique/Ajouter une courbe de tendance*, puis cliquez sur l'onglet *Type*

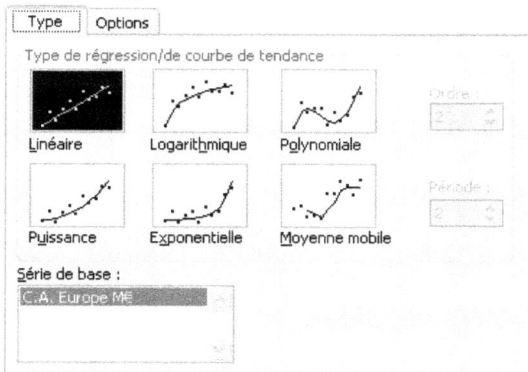

- Sélectionnez un type de régression ou d'ajustement
- Cliquez sur l'onglet *Options*

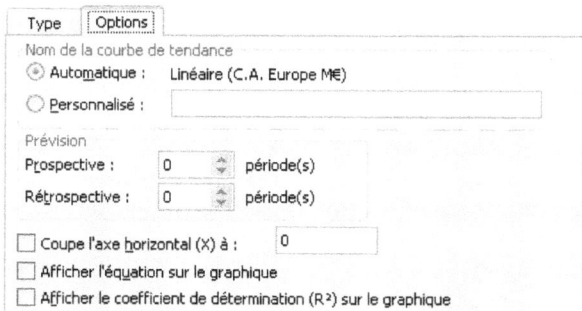

- Précisez le nom et les paramètres de la courbe de tendance
- Cliquez sur «OK»

WORDART

WordArt permet de créer rapidement des titres originaux assortis d'effets spéciaux.

- Placez le curseur là où doit apparaître le titre
- *Insertion/Image/WordArt*

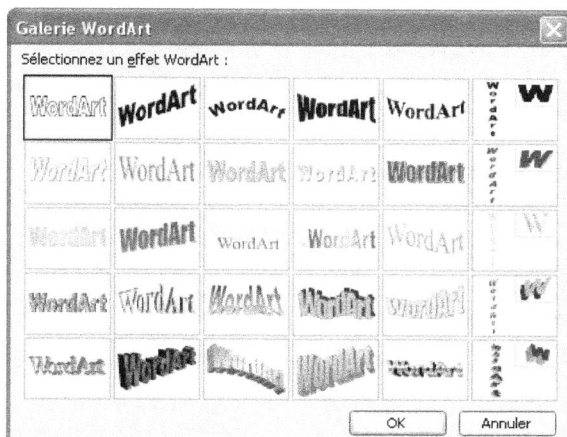

- Cliquez sur l'effet souhaité
- Cliquez sur «OK»

- Tapez le texte du titre
- Mettez-le en forme avec les zones de liste <Police> et <Taille>, ainsi que les boutons Gras et Italique dans la partie supérieure du dialogue
- Cliquez sur «OK»

Le titre apparaît dans la feuille. Il s'agit d'une image que l'on peut redimensionner, déplacer, déformer, faire pivoter en utilisant les poignées. Pour ajouter ou modifier les effets appliqués au texte, utilisez la barre d'outils *WordArt* qui s'affiche quand le titre est sélectionné :

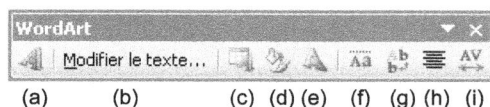

(a) Insérer un objet WordArt.
(b) Modifier le texte du titre.
(c) Choisir un style différent.
(d) Format de l'objet.
(e) Changer la forme du texte.

(f) Même hauteur pour toutes les lettres.
(g) Positionner le titre verticalement.
(h) Aligner le texte.
(i) Espacer les caractères.

ORGANIGRAMMES

Cet outil permet de créer des organigrammes hiérarchiques présentant la structure d'une organisation. Il est également possible de créer des diagrammes non hiérarchiques. Un organigramme ou un diagramme est un objet graphique comme un autre que l'on pourra redimensionner et déplacer.

1 - CRÉER UN ORGANIGRAMME HIÉRARCHIQUE

- Placez le curseur là où doit apparaître l'organigramme
- *Insertion/Image/Organigramme hiérarchique*

Un cadre est créé. Il affiche un organigramme à trois branches comportant quatre formes dont il va falloir personnaliser la structure et renseigner le contenu. Une barre d'outils *Organigramme hiérarchique* est également disponible.

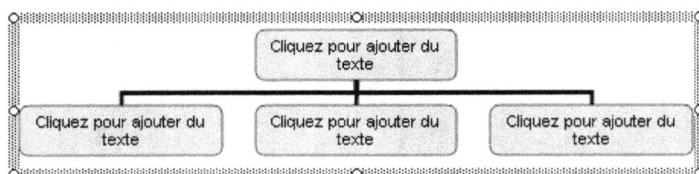

Renseigner le contenu d'une forme

- Cliquez dans la forme puis saisissez son contenu

Supprimer une forme

- Cliquez dans la forme, puis sur l'un de ses bords, puis appuyez sur ⌈Suppr⌉

Insérer une nouvelle forme

- Cliquez dans la forme à laquelle relier la nouvelle forme

⌈ Insérer une forme ▾⌉   Dans la barre d'outils, cliquez sur la flèche associée à ce bouton.

- Cliquez sur le type de forme à insérer : subordonné, collègue ou assistant

Modifier l'alignement de l'organigramme

- Cliquez dans une forme quelconque

⌈Mise en forme ▾⌉   Dans la barre d'outils, cliquez sur ce bouton.

- Sélectionnez un type de positionnement pour l'organigramme au sein de la zone de dessin

Mettre en forme l'organigramme

⌈icône⌉   Cliquez sur ce bouton dans la barre d'outils.

- Sélectionnez un style de diagramme
- Cliquez sur «OK»

Pour terminer

- Cliquez en dehors du cadre affichant l'organigramme

2 - CRÉER UN ORGANIGRAMME NON HIÉRARCHIQUE

- *Insertion/Diagramme*
- Sélectionnez un type de diagramme à l'exception du premier
- Cliquez sur «OK»
- Procédez comme avec un organigramme hiérarchique pour renseigner et personnaliser le diagramme

LISTES DE DONNÉES ET TABLEAUX CROISÉS

3

CRÉER UNE LISTE DE DONNÉES

Une liste de données est un tableau dont la première ligne contient des noms de rubriques (on parle de champs) et les lignes suivantes les données (on parle d'enregistrements).

A partir d'une liste structurée de cette façon, Excel pourra :

– Trier une liste pour en calculer les sous-totaux.

– Filtrer ou extraire les enregistrements qui correspondent à certains critères.

– Effectuer des calculs statistiques.

– Construire un tableau de synthèse (tableau croisé).

	(a)	(b)			
Tableau des ventes Europe					
Zone géo	**Pays**	**Famille Prod**	**Produit**	**Commercial/e**	**C.A. en M€**
Europe	France	Bureautique	Office 9X-200X	Nadine	4,84
Europe	France	Système	Win NT-200X	Valérie	0,76
Europe	Espagne	Bureautique	Office 9X-200X	Pascale	1,12
Europe	Espagne	Système	Win NT-200X	Valérie	0,56
Europe	Angleterre	Bureautique	Office 9X-200X	Laurence	0,36
Europe	Angleterre	Système	Win NT-200X	Christian	4,87
Asie	Japon	Bureautique	Office 9X-200X	Isabelle	2,01
Asie	Japon	Système	Win NT-200X	Philippe	4,00

(a) Premier champ.
(b) Deuxième champ.

(c) Noms des champs.
(d) Premier enregistrement.

1 - CRÉER UNE LISTE

- Saisissez les noms de champs les uns à la suite des autres sur une même ligne
- Saisissez les informations dans les lignes en dessous

2 - AJOUTER/SUPPRIMER DES ENREGISTREMENTS

Ajout

- Sélectionnez la ligne au-dessus de laquelle vous désirez ajouter un nouvel enregistrement
- Clic-droit dans la sélection, puis cliquez sur *Insertions* dans le menu contextuel
- Saisissez les données dans la ligne vierge qui vient d'être insérée

Suppression

- Sélectionnez la ligne de l'enregistrement à effacer
- Clic-droit dans la sélection, puis cliquez sur *Supprimer* dans le menu contextuel

3 - AJOUTER/SUPPRIMER UN CHAMP

Ajout

- Sélectionnez la colonne avant laquelle vous souhaitez insérer le nouveau champ
- Clic-droit dans la sélection, puis cliquez sur *Insertions* dans le menu contextuel
- Saisissez le nom du champ en haut de la colonne

Suppression

- Sélectionnez la colonne du champ à supprimer
- Clic-droit dans la sélection, puis cliquez sur *Supprimer* dans le menu contextuel

GÉRER UNE LISTE AVEC UN FORMULAIRE

Vous pouvez utiliser un formulaire qui vous facilitera les manipulations telles que l'ajout, la suppression ou la recherche d'enregistrements. Le formulaire permet de visualiser et de gérer la liste à l'aide d'une présentation sous forme de fiches.

1 - UTILISER UN FORMULAIRE
- Placez le curseur dans la liste de données
- *Données/Formulaire*

Pour se déplacer au sein de la liste :
- Fiche suivante : ⊞ ou «Suivante»
- Fiche précédente : ⊞ ou «Précédente»
- Première/Dernière fiche : `Ctrl`-⊞ / `Ctrl`-⊞
- Dix fiches plus bas/haut : ⊞ / ⊞

2 - GÉRER LES ENREGISTREMENTS

Modifier un enregistrement
- Affichez l'enregistrement
- Cliquez dans une zone de saisie et modifiez les données

Rétablir un enregistrement (annuler les modifications)
- Cliquez sur «Restaurer» (accessible seulement si vous n'êtes pas passé à une autre fiche)

Ajouter un enregistrement
- Cliquez sur «Nouvelle»
- Saisissez les données (vous passez d'une zone de saisie à l'autre en appuyant sur ⊞)

Supprimer un enregistrement
- Affichez-le dans la grille et cliquez sur «Supprimer»

3 - RECHERCHER UN/DES ENREGISTREMENTS
- Affichez le premier enregistrement
- Cliquez sur «Critères», puis sur «Effacer» pour vider les zones de saisie
- Saisissez les critères de recherche dans les zones de saisie

Exemple : pour rechercher le C.A. généré par la commerciale Sylvianne, saisissez Sylvianne dans le cadre (a), puis, pour rechercher ses ventes supérieures à 2 M€, saisissez >2 dans le cadre (b).

Commercial/e:	Sylvianne	(a)
C.A. en M€:	>2	(b)

Opérateurs disponibles : <, >, <>, <= et >=.

- Cliquez sur «Suivante» ou sur «Précédente» pour rechercher vers le bas ou vers le haut

FILTRER UNE LISTE

Filtrer une liste consiste à spécifier des critères afin que la liste se réduise aux seuls enregistrements qui répondent à ces critères.

Deux outils sont disponibles pour cela : les filtres automatiques et les filtres élaborés. Avec la fonction Filtre automatique, il vous est possible de sélectionner des critères dans des listes déroulantes, avec la fonction Filtre élaboré, vous devez les saisir dans la feuille de calcul.

1 - FILTRE AUTOMATIQUE

- Placez le curseur dans la liste
- *Donnée/Filtrer/Filtre automatique*

Des flèches apparaissent à côté des noms de champs :

Tableau des ventes Europe					
Zone géo ▼	Pays ▼	Famille Pr ▼	Produit ▼	Commercial ▼	C.A. en M ▼
Europe	France	Bureautique	Office 9X-200X	Nadine	2,35
Europe	France	Système	Win NT-200X	Valérie	6,84
Europe	Espagne	Bureautique	Office 9X-200X	Pascale	8,04
Europe	Espagne	Système	Win NT-200X	Valérie	8,38
Europe	Angleterre	Bureautique	Office 9X-200X	Laurence	3,73

Spécifier un critère

- Cliquez sur la flèche associée à la rubrique servant de critère et sélectionnez dans la liste la valeur du critère

La liste se réduit alors aux seuls enregistrements qui répondent au critère, et la flèche associée au nom du champ devient bleue pour vous signaler qu'un filtre est actif sur ce champ.

Attention : si vous spécifiez plusieurs critères sur plusieurs champs, ils s'additionnent (ET logique).

Critères personnalisés

Pour spécifier des critères utilisant des opérateurs (plus grand que, différent de, etc.) sur les champs numériques, ou pour pouvoir utiliser les caractères génériques * et ? sur des champs de type texte, ou encore pour spécifier des critères utilisant la notion de OU.

- Cliquez sur la flèche associée à la rubrique servant de critère et cliquez sur *(Personnalisé)*

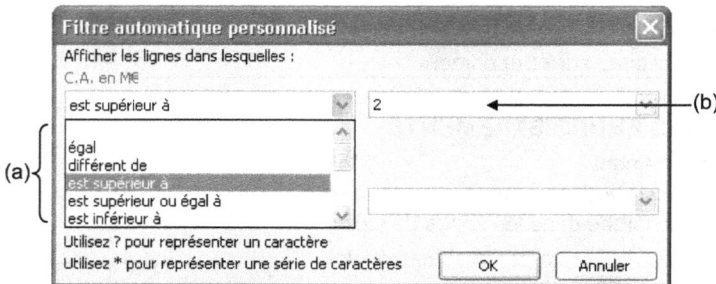

- Sélectionnez un opérateur en (a)
- Tapez ou sélectionnez la valeur de comparaison en (b)
- Accessoirement, cochez ◯*Et* ou ◯*Ou* et spécifiez un critère supplémentaire en dessous
- Cliquez sur «OK»

FILTRER UNE LISTE

Annuler un critère

- Déroulez la liste associée au nom du champ servant de critère et cliquez sur *(Tous)*

Annuler tous les critères

- *Données/Filtrer/Afficher tout*

Mettre fin au filtrage de la liste

- *Données/Filtrer/Filtre automatique*

Remarque : pendant qu'un filtre est actif et que seule une partie de la liste est affichée, les opérations telles que la copie, la suppression, le tri ou encore l'impression, ne s'appliquent qu'aux données affichées.

2 - FILTRE ÉLABORÉ

A la différence des filtres automatiques, ils utilisent une zone de critère qui doit être créée dans la feuille de calcul. Le filtre élaboré permet d'exporter le résultat du filtrage à une autre position dans la feuille de calcul et donc d'effectuer une extraction.

Créer une zone de critères

- Copiez la ligne d'en-tête de la liste de données (celle comportant les noms des champs) et collez-la à un autre emplacement dans la feuille (les lignes en dessous doivent être vides)
- Tapez les critères dans la ligne suivante, sous les noms de champs

Recherche d'une donnée textuelle

Ex : pour rechercher les ventes du pays *France*,

Zone géo	Pays	Famille Prod	Produit	Commercial/e	C.A. en M€
	France				

Ex : pour rechercher les ventes du commercial *Christian*,

Zone géo	Pays	Famille Prod	Produit	Commercial/e	C.A. en M€
				Christian	

Attention : une recherche sur Christian trouvera également Christiane, Christiana, etc. Pour rechercher uniquement Christian, tapez = "=Christian".

Recherche avec opérateur

Ex : pour rechercher les ventes supérieures à 5 M€,

Zone géo	Pays	Famille Prod	Produit	Commercial/e	C.A. en M€
					>5

Opérateurs disponibles pour les valeurs numériques :

<	Inférieur
<=	Inférieur ou égal
<>	Différent de
>	Supérieur
>=	Supérieur ou égal

Opérateurs pour les textes :

– DUPOND	Trouve tous les DUPOND
– D*	Trouve tous les noms commençant par D
– ?U*	Trouve tous les noms dont le deuxième caractère est un U
– <>DUPOND	Trouve les noms différents de DUPOND

FILTRER UNE LISTE

Recherche avec la notion de ET

Ex : pour rechercher les ventes faites dans la zone géo *Europe* en *Système*,

Zone géo	Pays	Famille Prod	Produit	Commercial/e	C.A. en M€
Europe		Système			

Ex : pour rechercher les ventes de Sylvianne, en Bureautique, supérieures à 5 M€,

Zone géo	Pays	Famille Prod	Produit	Commercial/e	C.A. en M€
		Bureautique		Sylvianne	>5

Recherche avec la notion de OU

Pour obtenir les enregistrements qui correspondent à l'un ou à l'autre (OU logique) des critères, les saisir sur des lignes distinctes.

Ex : pour rechercher les ventes sur les zones géo *Europe* ou *Amérique*,

Zone géo	Pays	Famille Prod	Produit	Commercial/e	C.A. en M€
Europe					
Amérique					

Recherche sur un intervalle

Pour obtenir les enregistrements compris entre deux bornes, dupliquez le nom du champ servant de critère puis saisissez les bornes en dessous.

Ex : pour rechercher les ventes comprises entre 5 et 7,5 M€,

Zone géo	Pays	Famille Prod	Produit	Commercial/e	C.A. en M€	C.A. en M€
					>5	<7,5

Lancer le filtrage de la liste ou la copie des enregistrements à une autre position

- Placez le curseur dans la liste
- *Données/Filtrer/Filtre élaboré*

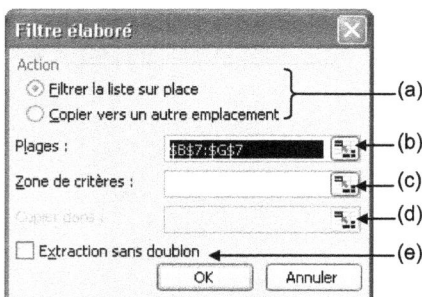

(a) Indiquez ici si la liste doit être réduite aux enregistrements correspondant aux critères, ou si la liste de ces enregistrements doit être exportée à une autre position dans la feuille.

(b) Plage de la liste, automatiquement repérée par Excel.

(c) Cliquez ici, puis sélectionnez la zone de critères, c'est-à-dire la ligne contenant les libellés ainsi que la/les lignes suivantes comportant les critères.

(d) Zone dans laquelle seront exportés les enregistrements correspondant aux critères, si le choix de la copie a été fait en (a). La sélection d'une ligne suffit.

(e) Pour ne pas avoir de doublons.

- Cliquez sur «OK»

TRI ET SOUS-TOTAUX

Pour qu'Excel puisse afficher des sous-totaux au sein de la liste de données, celle-ci doit être préalablement triée sur le champ qui va servir de rupture aux sous-totaux.

1 - TRIER LA LISTE

- *Données/Trier*
- <Trier par> : sélectionnez le nom de la colonne devant servir de critère de tri
- Cliquez sur «OK»

2 - AFFICHER DES SOUS-TOTAUX

- Placez le curseur dans la liste de données
- *Données/Sous-totaux*

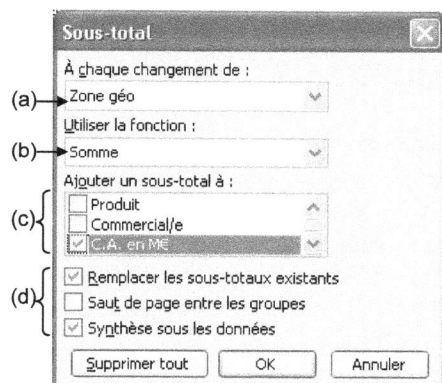

- Sélectionnez en (a) le nom du champ servant de rupture
- Indiquez en (b) le type de calcul à effectuer
- Cochez en (c) le nom du champ numérique à totaliser
- Faîtes vos choix dans les options en (d)
- Cliquez sur «OK»

	Zone géo	Pays	Famille Prod	Produit	Commercial/e	C.A. en M€
8	Europe	France	Bureautique	Office 9X-200X	Nadine	6,33
9	Europe	France	Système	Win NT-200X	Valérie	8,13
10	Europe	Espagne	Bureautique	Office 9X-200X	Pascale	1,50
11	Europe	Espagne	Système	Win NT-200X	Valérie	0,16
12	Europe	Angleterre	Bureautique	Office 9X-200X	Laurence	8,94
13	Europe	Angleterre	Système	Win NT-200X	Christian	0,74
14	**Total Europe**					25,80
15	Asie	Japon	Bureautique	Office 9X-200X	Isabelle	5,54
16	Asie	Japon	Système	Win NT-200X	Philippe	6,25
17	**Total Asie**					11,79

3 - MASQUER LES SOUS-TOTAUX

- Placez le curseur dans la liste de données
- *Données/Sous-totaux*
- Cliquez sur «Supprimer tout»

FONCTIONS DE BASE DE DONNÉES

Ces fonctions permettent d'effectuer des calculs statistiques sur les enregistrements d'une liste de données qui correspondent aux critères saisis dans une zone de critères. Syntaxe :
= BDSOMME (Référence de la liste de données;"champ";Référence de la zone de critères)

1 - FONCTIONS DISPONIBLES

BDECARTYPEP	Calcule l'écart type à partir de la population entière représentée par les entrées de base de données sélectionnées.
BDECARTYPE	Évalue l'écart type à partir d'un échantillon de population représenté par les entrées de base de données sélectionnées.
BDLIRE	Extrait d'une base de données la fiche qui correspond aux critères spécifiés.
BDMAX	Valeur la plus élevée des entrées sélectionnées dans la base de données.
BDMIN	Valeur la moins élevée des entrées sélectionnées dans la base de données.
BDMOYENNE	Donne la moyenne des entrées sélectionnées de la base de données.
BDNBVAL	Détermine le nombre de cellules non vides satisfaisant les critères spécifiés.
BDNB	Détermine le nombre de cellules contenant des valeurs numériques satisfaisant les critères spécifiés pour la base de données précisée.
BDPRODUIT	Multiplie les valeurs satisfaisant les critères dans un champ particulier.
BDSOMME	Additionne les nombres se trouvant dans un champ d'enregistrements de la base de données s'ils répondent au critère voulu.
BDVARP	Calcule la variance à partir de la population entière représentée par les entrées de base de données sélectionnées.
BDVAR	Évalue la variance à partir d'un échantillon de population représenté par des entrées de base de données sélectionnées.

2 - UTILISER UNE FONCTION DE BASE DE DONNÉES

- Placez le curseur dans la cellule devant afficher le résultat

f_x Cliquez sur ce bouton dans la barre de formule, ou *Insertion/Fonction*.

- <Sélectionnez une catégorie> : sélectionnez *Base de données*
- <Sélectionnez une fonction> : sélectionnez le nom de la fonction
- Cliquez sur «OK»

- Précisez en (a) la référence de la liste/base de données (inclure les libellés)
- Saisissez en (b), entre guillemets, le nom du champ numérique sur lequel porte le calcul ou sélectionnez son entête (nom du champ)
- Précisez en (c) la référence de la zone de critère à utiliser
- Cliquez sur «OK»

TABLEAUX CROISÉS DYNAMIQUES

Un tableau croisé dynamique est un tableau permettant de synthétiser le contenu d'une liste de données gérée dans Excel ou de données issues d'une base de données externe. Il classe les données par catégories et calcule des sous-totaux et des totaux sur les champs numériques de votre choix.

Exemple d'utilisation : vous enregistrez les ventes effectuées par vos collaborateurs dans une liste Excel. Cette fonction va vous permettre de présenter un récapitulatif des ventes par affectation et par collaborateur.

Excel sait également créer des graphiques dynamiques croisés qui illustrent ce type de tableaux de synthèse. Si vous l'avez précisé, ils sont automatiquement créés avec le tableau.

Notez que, pour qu'Excel puisse générer un tableau croisé ou un graphique croisé, la liste de données ne doit pas comporter de sous-totaux.

Excel peut créer des tableaux croisés ou des graphiques croisés pour trois types de bases de données : des données issues de listes Excel, de bases de données relationnelles telles qu'Access ou SQL Serveur, et de bases de données OLAP (On-line Analytical Processing). La technologie OLAP est adaptée aux gros volumes car elle privilégie l'interrogation des bases et la rapidité des réponses, les calculs étant faits sur le serveur et seul le résultat étant transmis. Alors qu'avec les bases de données relationnelles, tous les enregistrements sont transmis et c'est Excel qui effectue les calculs.

Si vous utilisez une base de données OLAP, les options décrites dans les pages suivantes ne seront pas toutes disponibles.

On reconnaît une base OLAP par le fait que dans les tableaux croisés, les symboles suivants sont associés aux noms de champs.

1 - CRÉER UN TABLEAU CROISÉ

- Placez le curseur dans la liste
- *Données/Rapport de tableau croisé dynamique*

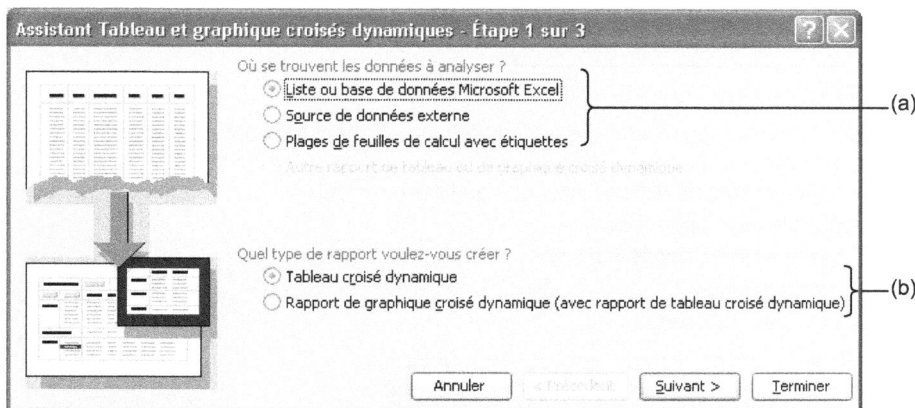

- Indiquez l'origine des données en (a) et indiquez en (b) ce que vous voulez créer
- Cliquez sur «Suivant»
- Précisez les références de la liste de données en incluant les noms de champs

Remarque :

Un clic sur ce bouton lance le Compagnon Office qui vous détaillera le rôle de chacune des étapes de l'assistant.

- Cliquez sur «Suivant»

TABLEAUX CROISÉS DYNAMIQUES

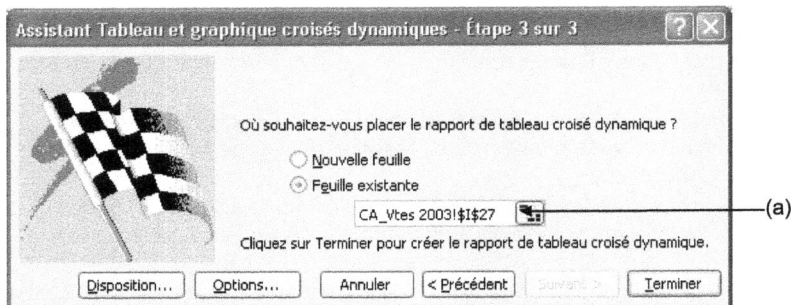

Assistant Tableau et graphique croisés dynamiques - Étape 3 sur 3

Où souhaitez-vous placer le rapport de tableau croisé dynamique ?

- ○ Nouvelle feuille
- ● Feuille existante

CA_Vtes 2003!$I$27 ———— (a)

Cliquez sur Terminer pour créer le rapport de tableau croisé dynamique.

[Disposition...] [Options...] [Annuler] [< Précédent] [Suivant >] [Terminer]

- Indiquez si le tableau devra apparaître sur une nouvelle feuille ou sur une feuille existante
- S'il s'agit d'une feuille existante, sélectionnez la feuille et la cellule de destination en cliquant sur le bouton (a)
- Cliquez sur «Disposition»

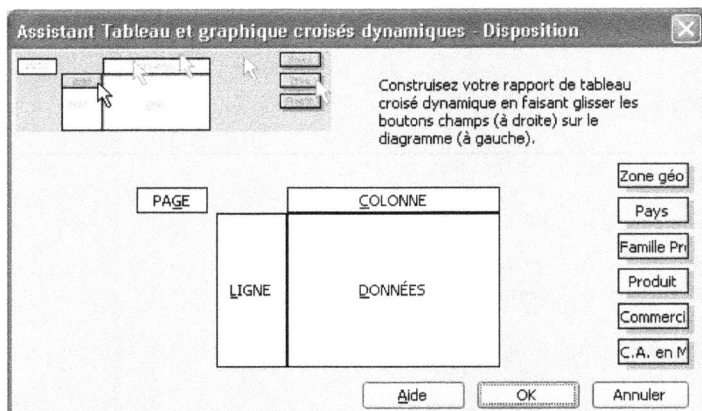

Assistant Tableau et graphique croisés dynamiques - Disposition

Construisez votre rapport de tableau croisé dynamique en faisant glisser les boutons champs (à droite) sur le diagramme (à gauche).

PAGE   COLONNE

LIGNE   DONNÉES

Zone géo | Pays | Famille Pr | Produit | Commerci | C.A. en M

[Aide] [OK] [Annuler]

- Construisez le tableau en faisant glisser les boutons affichant les noms des champs vers les zones suivantes :
- Page : rubrique servant de rupture ainsi que de filtre principal.
- Ligne : rubrique/s regroupée/s en ligne.
- Colonne : rubrique/s regroupée/s en colonne.
- Données : champ calculé.

Vous pouvez obtenir par exemple :

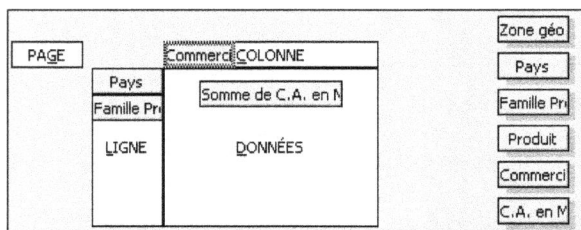

PAGE   Commerci COLONNE

Pays
Famille Pr   Somme de C.A. en M

LIGNE   DONNÉES

Zone géo | Pays | Famille Pr | Produit | Commerci | C.A. en M

Vous pouvez, personnaliser l'affichage des champs en formatant les données numériques, en demandant à masquer certaines valeurs, en modifiant le sens du tri, etc.

TABLEAUX CROISÉS DYNAMIQUES

Pour chaque champ à formater :
- Double-clic sur le bouton associé au champ à formater

- Faîtes vos choix, puis cliquez sur «OK»

Une fois les champs paramétrés :
- Cliquez sur «OK» pour fermer le dialogue *Disposition*
- Cliquez sur «Options»

- Donnez en (a) un nom au tableau croisé, puis faîtes vos choix dans les options
- Cliquez sur «OK», puis sur «Terminer»

Le tableau croisé est généré :

Somme de C		Commercial/e ▾									
Pays ▾	Famille Prod ▾	Christian	Isabelle	Laurence	Nadine	Pascale	Philippe	Sylvianne	Valérie	Total
Angleterre	Bureautique		0,47							0,47
	Système	5,64								5,64
Total Angleterre		5,64	0,47							6,11
Argentine	Bureautique								8,22	8,22
	Système							2,11		2,11
Total Argentine								2,11	8,22	10,33

TABLEAUX CROISÉS DYNAMIQUES

Et la barre d'outils *Tableau croisé dynamique* s'affiche :

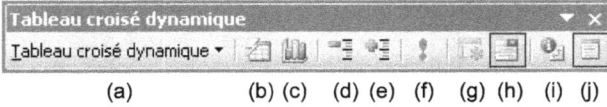

(a)   (b) (c)   (d) (e)   (f)   (g) (h)   (i)   (j)

(a) Commandes diverses.
(b) Mise en forme du tableau.
(c) Assistant graphique.
(d) Masquer le détail d'une catégorie.
(e) Afficher le détail d'une catégorie.

(f) Actualiser les données.
(g) Inclure les éléments masqués dans les totaux.
(h) Toujours afficher les éléments.
(i) Paramètres de champ.
(j) Masquer la liste de champs.

2 - MISE À JOUR DU TABLEAU CROISÉ

Si les données de la liste évoluent, il faut réclamer la mise à jour du tableau croisé.

- Placez le curseur dans le tableau croisé

Cliquez sur ce bouton dans la barre d'outils *Tableau croisé dynamique*, ou *Données/Actualiser les données*.

3 - AJOUTER OU SUPPRIMER UN CHAMP

Méthode 1

- Placez le curseur dans le tableau croisé
- *Données/Rapport de tableau croisé dynamique*
- L'assistant est relancé : cliquez sur «Disposition»
- Ajoutez/Supprimez des champs en faisant glisser les boutons sur le tableau ou en dehors
- Cliquez sur «OK», puis «Terminer»

Méthode 2

Faîtes glisser les champs à ajouter de la liste des champs vers le tableau croisé, ou faîtes glisser les champs à supprimer en dehors du tableau croisé.

4 - MASQUER CERTAINES VALEURS

- Cliquez sur la flèche associée au champ et décochez les valeurs à masquer

- Cliquez sur «OK»

TABLEAUX CROISÉS DYNAMIQUES

5 - MODIFIER LE FORMAT NUMÉRIQUE D'UNE COLONNE DE CHIFFRES

- Sélectionnez une cellule de la colonne affichant les chiffres

Cliquez sur ce bouton dans la barre d'outils *Tableau croisé dynamique*.

- Cliquez sur «Nombre»

- <Catégorie> : cliquez sur une catégorie de format
- Sélectionnez les options de votre choix
- Cliquez sur «OK» dans chaque dialogue

6 - METTRE EN FORME AUTOMATIQUEMENT LE TABLEAU CROISÉ

- Placez le curseur dans le tableau

Cliquez sur ce bouton dans la barre d'outils *Tableau croisé dynamique*.

- Sélectionnez une mise en forme prédéfinie
- Cliquez sur «OK»

7 - CRÉER UN GRAPHIQUE CROISÉ ILLUSTRANT LE TABLEAU

- Placez le curseur dans le tableau

Cliquez sur ce bouton dans la barre d'outils *Tableau croisé dynamique*.

TABLEAUX CROISÉS DYNAMIQUES

Le graphique est généré dans une nouvelle feuille de type graphique.

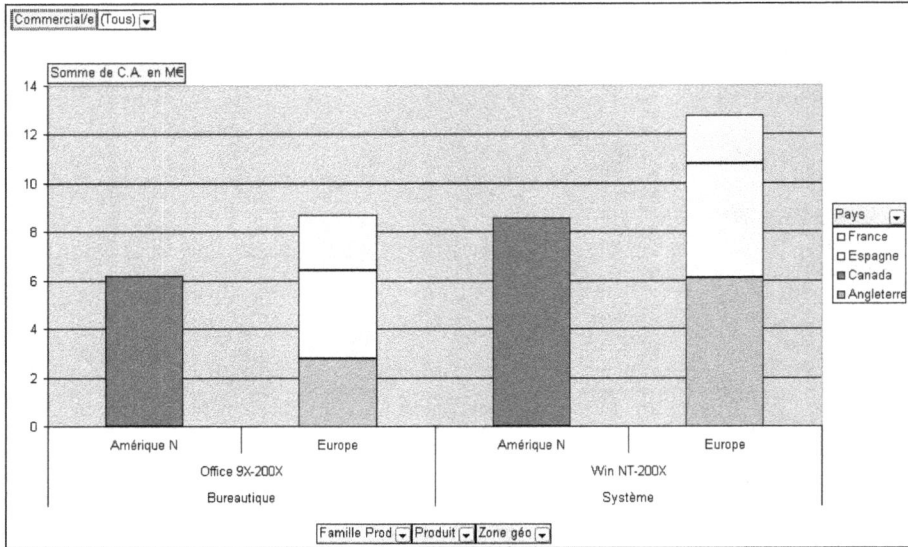

Ce graphique est dynamique : à l'aide des flèches associées aux noms de champs, vous pouvez masquer certains éléments, appliquer un filtre, déplacer les champs etc.

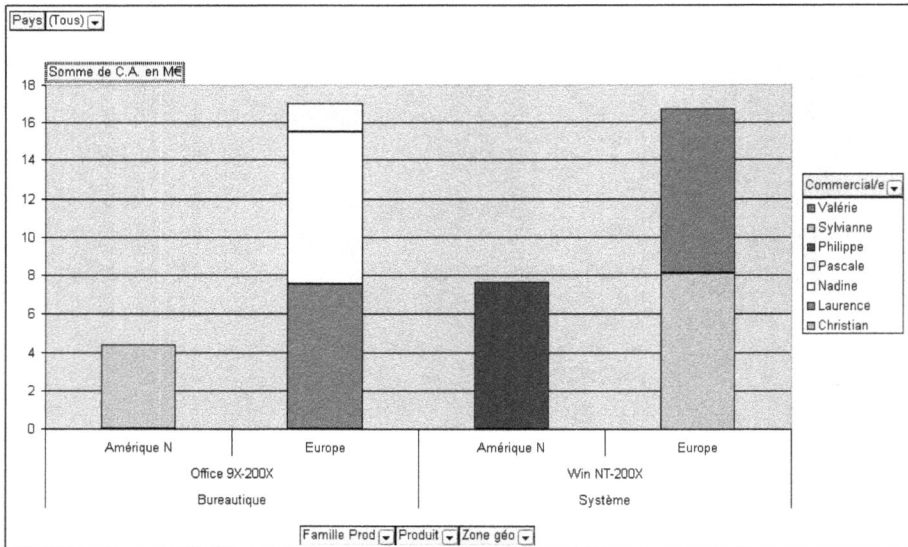

PARTAGE, SUIVI ET ÉCHANGE DE DONNÉES

4

PARTAGE ET SUIVI D'UN CLASSEUR

Si votre poste est connecté à un réseau local, Excel permet de partager un classeur avec d'autres utilisateurs en le plaçant dans un dossier partagé sur le réseau. Cette fonctionnalité est souvent utilisée pour des tableaux fréquemment mis à jour par plusieurs personnes.

La barre de titre d'un classeur partagé affiche le terme *[Partagé]*. Quand un classeur est partagé, vous ne pourrez pas ajouter ou modifier les éléments suivants : cellules fusionnées, mises en forme conditionnelles, validation des données, graphiques, images, objets (notamment les objets dessinés), liens hypertexte, scénarios, contours, sous-totaux, tables de données, rapports de tableau croisé dynamique, protection des classeurs et des feuilles de calcul, et macros.

Vous pouvez également transmettre à plusieurs personnes ou leur envoyer par e-mail des copies d'un classeur partagé, puis les récupérer et fusionner ces copies.

Dans les deux cas Excel permettra de suivre les modifications effectuées à l'aide de marques, vous laissant libre d'accepter ou de refuser chaque changement.

1 - PARTAGER UN CLASSEUR

- Ouvrez le classeur à partager
- *Outils/Partager le classeur*, puis cliquez sur l'onglet *Modification*

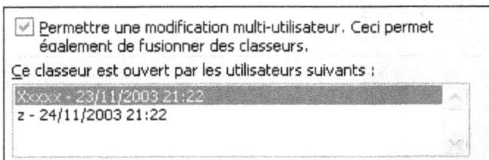

> ☑ Permettre une modification multi-utilisateur. Ceci permet également de fusionner des classeurs.
>
> Ce classeur est ouvert par les utilisateurs suivants :
>
> Xxxxx - 23/11/2003 21:22
> z - 24/11/2003 21:22

- Cochez ☒*Permettre une modification multi-utilisateur*
- Cliquez sur «OK»
- Un dialogue signale que le classeur va être réenregistré : cliquez sur «OK»

2 - OPTIONS DE PARTAGE

Chaque utilisateur d'un classeur partagé peut définir ses propres options, correspondant à la fréquence à laquelle il veut recevoir les modifications effectuées par les autres utilisateurs.

- Ouvrez le classeur partagé
- *Outils/Partager le classeur*, puis cliquez sur l'onglet *Avancé*

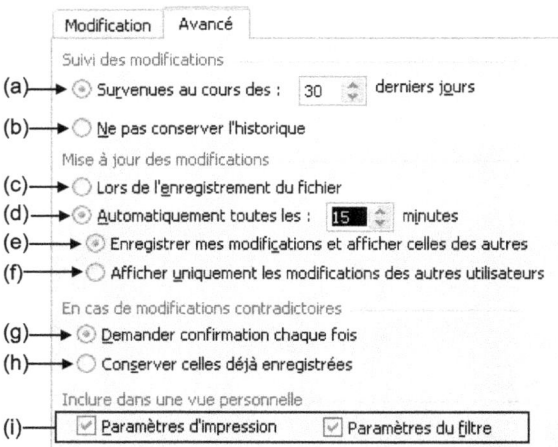

	Modification	Avancé

Suivi des modifications

(a) ⦿ Survenues au cours des : [30] derniers jours

(b) ◯ Ne pas conserver l'historique

Mise à jour des modifications

(c) ◯ Lors de l'enregistrement du fichier

(d) ⦿ Automatiquement toutes les : [15] minutes

(e) ⦿ Enregistrer mes modifications et afficher celles des autres

(f) ◯ Afficher uniquement les modifications des autres utilisateurs

En cas de modifications contradictoires

(g) ⦿ Demander confirmation chaque fois

(h) ◯ Conserver celles déjà enregistrées

Inclure dans une vue personnelle

(i) ☑ Paramètres d'impression   ☑ Paramètres du filtre

(a) Permet de conserver les informations relatives aux modifications apportées au classeur en fonction du temps écoulé. Tapez le nombre de jours pendant lesquels vous souhaitez conserver l'historique.

(b) Désactive l'historique des modifications. Vous ne pouvez alors plus fusionner les modifications à partir de plusieurs copies.

(c) Fournit des mises à jour des modifications apportées et enregistrées par les autres utilisateurs lorsque vous enregistrez le classeur.

(d) Fournit des mises à jour des modifications apportées et enregistrées par les autres utilisateurs en fonction de l'intervalle tapé dans la zone <minutes>.

(e) Avec cette option, les modifications que vous apporterez seront enregistrées et celles des autres utilisateurs seront mises à jour dans le classeur en fonction de l'intervalle de temps spécifié au-dessus.

(f) Les modifications apportées par les autres utilisateurs sont mises à jour dans le classeur en fonction de l'intervalle que vous spécifiez, mais vos modifications ne sont pas enregistrées au moment de la mise à jour.

(g) Cette option affiche la boîte de dialogue *Résolution des conflits* lors de l'enregistrement du classeur afin que vous puissiez réviser les modifications en conflit et décider de celles à conserver.

(h) Remplace les modifications en conflit par vos modifications chaque fois que vous enregistrez le classeur.

(i) Enregistre les paramètres d'impression et du filtre que vous indiquez dans le classeur partagé.

- Cliquez sur «OK»

3 - AFFICHER LES MODIFICATIONS

Cette procédure affiche les modifications apportées par les autres utilisateurs depuis votre dernier enregistrement du classeur.

- *Outils/Suivi des modifications/Afficher les modifications*

- Cochez (a) pour que les modifications soient marquées
- Cochez ⊠*Le* et sélectionnez une période ou *Tous* en (b)
- Cochez ⊠*Par* et sélectionnez des utilisateurs ou *Tous* en (c)
- Cochez (d) pour afficher toutes les modifications dans la feuille ainsi que leurs détails, sous forme de commentaires, lorsque vous placez le pointeur sur une cellule modifiée
- Cochez (e) pour afficher les détails relatifs aux modifications dans une feuille de calcul nommée *Historique* et placée à la fin du classeur
- Cliquez sur «OK»

Remarque : les cellules modifiées seront encadrées d'une couleur différente et afficheront un triangle de la même couleur que leur encadrement dans leur coin supérieur gauche.

PARTAGE ET SUIVI D'UN CLASSEUR

4 - ACCEPTER OU REFUSER LES MODIFICATIONS

On peut accepter ou refuser les modifications une à une, ou globalement.

- *Outils/Suivi des modifications/Accepter ou refuser les modifications*

- Indiquez en (a) la date à partir de laquelle vous voulez contrôler les modifications
- Sélectionnez en (b) le nom d'un utilisateur particulier ou *Tous*
- Précisez accessoirement en (c) la plage qui vous intéresse
- Cliquez sur «OK»

Pour chaque modification, la cellule est entourée de pointillés et un dialogue s'affiche :

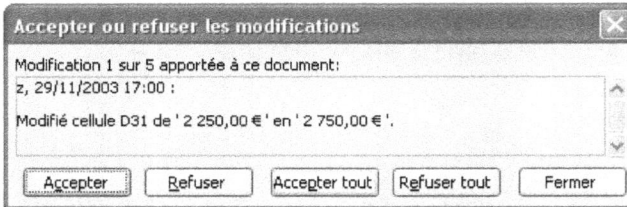

- Cliquez sur «Accepter» pour accepter la modification
- Cliquez sur «Refuser» pour annuler la modification.
- Cliquez sur «Accepter tout» ou «Refuser tout» pour accepter ou annuler toutes les modifications.

5 - MISE EN GARDE EN CAS DE CONFLITS

Vous pouvez demander à être averti des saisies en conflit (un autre utilisateur a modifié le contenu de la même cellule et enregistré le classeur).

- Ouvrez le classeur
- *Outils/Partager le classeur*, puis cliquez sur l'onglet *Avancé*
- Cochez ◯*Demander confirmation chaque fois*
- Cliquez sur «OK»

Lorsque vous enregistrerez le classeur, en cas de conflit, un dialogue s'affichera :

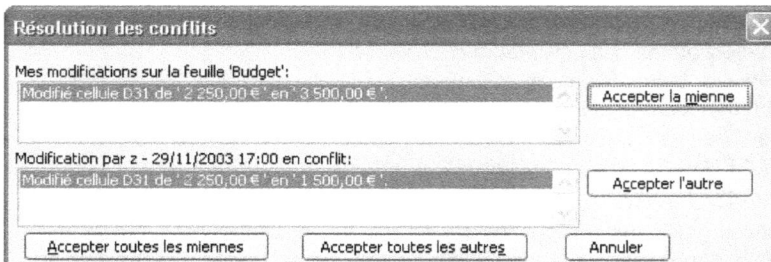

PARTAGE ET SUIVI D'UN CLASSEUR

- Cliquez sur l'un des boutons suivants :
- «Accepter la mienne» si vous désirez conserver votre modification.
- «Accepter l'autre» pour conserver la modification effectuée par l'autre utilisateur.
- «Accepter toutes les miennes» pour conserver toutes vos modifications.
- «Accepter toutes les autres» afin de conserver toutes les modifications des autres.

6 - FUSIONNER DES CLASSEURS

Pour fusionner dans un seul classeur les modifications apportées à plusieurs copies d'un classeur partagé. L'historique des modifications doit être activé lors de la création des copies.

- Ouvrez le classeur original
- *Outils/Comparaison et fusion de classeurs*
- Sélectionnez les noms des copies modifiées : maintenir la touche Ctrl appuyée et cliquez sur les noms
- Cliquez sur «OK»

Les modifications sont marquées dans le classeur original. Vous pouvez maintenant afficher les modifications, puis les accepter ou les refuser comme exposé précédemment.

7 - UTILISER LA MESSAGERIE POUR ENVOYER UN CLASSEUR À RÉVISER

Il est pratique d'utiliser la messagerie pour envoyer un classeur à un ou plusieurs réviseurs. Lors de l'envoi, un message de demande de révision sera automatiquement créé. A la réception, les outils de révision seront automatiquement activés et affichés. Quand les classeurs seront renvoyés par les réviseurs, l'auteur sera automatiquement invité à fusionner les modifications et n'aura plus qu'à les accepter ou les refuser.

Envoyer un classeur pour révision

- Ouvrez le classeur et activez son partage
- *Fichier/Envoyer vers/Destinataire du message (pour révision)*

Un message est créé, avec une pièce jointe, un lien, ou les deux.

- Indiquez les destinataires, saisissez un commentaire et envoyez le message

Réviser un document reçu par messagerie et le renvoyer à son auteur

- Ouvrez le message dans votre programme de messagerie

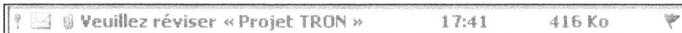

- Ouvrez la pièce jointe ou cliquez sur le lien vers le document
- Effectuez les modifications

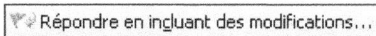 Cliquez sur ce bouton dans la barre d'outils *Révision*.

Réceptionner un document révisé

- Ouvrez le message renvoyé par le réviseur

Un message s'affiche.

- Cliquez sur «Oui»

Le document original est ouvert, la barre d'outils *Révision* affichée et les modifications marquées.

- Acceptez ou refusez les modifications

Mettre fin au cycle de révision

Quand vous avez reçu tous les commentaires de tous les réviseurs :

 Cliquez sur ce bouton dans la barre d'outils *Révision*.

EXPORTER UN TABLEAU EXCEL VERS WORD

Quatre méthodes sont disponibles : importer le tableau Excel dans Word, copier le tableau à l'aide du Presse-papiers, créer une liaison entre la feuille de calcul et le document Word, ou encore incorporer le tableau Excel dans Word.

1 - IMPORTER UN TABLEAU EXCEL DANS WORD

- Créez le tableau dans Excel puis enregistrez le classeur
- Lancez ou activez Word, puis ouvrez le document dans lequel récupérer le tableau
- Placez le curseur là où vous désirez insérer le tableau
- *Insertion/Fichier*

Le dialogue d'ouverture de fichier s'affiche.

- <Type de fichiers> : sélectionnez *Tous les fichiers* (*.*)
- Sélectionnez le disque, le dossier et le nom du classeur Excel dans lequel se trouve la feuille de calcul contenant le tableau à importer
- Cliquez sur «Insérer»

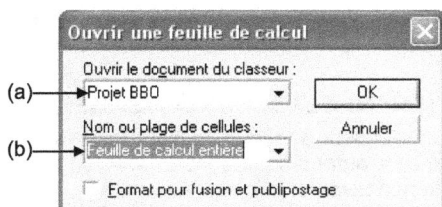

- Sélectionnez en (a) le nom de la feuille de calcul contenant le tableau
- En (b), tapez les références de la plage à importer, ou sélectionnez *Feuille de calcul entière*
- Cliquez sur «OK»

Les données et certaines mises en forme sont importées et placées dans un tableau Word. Elles sont modifiables. Les modifications apportées au tableau d'origine ne seront pas répercutées dans le document Word.

	Lundi	Mardi	Mercredi	Jeudi	Vendre di
Semaine 1	7,63	2,96	2,62	4,21	8,46
Semaine 2	9,22	3,18	1,66	8,28	0,85
Semaine 3	6,32	6,06	8,48	3,03	6,94
Semaine 4	2,46	5,07	1,56	7,32	1,10

2 - COPIER UN TABLEAU EXCEL À L'AIDE DU PRESSE-PAPIERS

- Créez le tableau dans Excel, puis enregistrez le classeur
- Sélectionnez le tableau

Cliquez sur ce bouton dans la barre d'outils *Standard*, ou *Edition/Copier*, ou appuyez sur Ctrl-**C**.

- Lancez ou activez Word, puis ouvrez le document dans lequel vous souhaitez récupérer le tableau
- Placez le curseur à l'endroit où vous désirez récupérer le tableau

Cliquez sur ce bouton dans la barre d'outils *Standard*, ou *Edition/Coller*, ou appuyez sur Ctrl-**V**.

Les données mises en forme sont importées dans le document et placées dans un tableau Word. Elles sont modifiables. Les modifications apportées au tableau d'origine ne seront pas répercutées dans le document Word.

EXPORTER UN TABLEAU EXCEL VERS WORD

3 - CRÉER UNE LIAISON ENTRE LA FEUILLE ET LE DOCUMENT WORD

La méthode de copie est identique à celle expliquée précédemment, par contre, celle du collage est différente, car elle intègre un lien entre la copie placée dans le document Word et la feuille de calcul Excel d'origine : les modifications apportées au tableau d'origine (la feuille de calcul Excel) seront répercutées dans le document Word.

- Créez le tableau dans Excel, puis enregistrez le classeur
- Sélectionnez le tableau

Cliquez sur ce bouton dans la barre d'outils *Standard*, ou *Edition/Copier*, ou appuyez sur ⌃Ctrl-**C**.

- Lancez ou activez Word, puis ouvrez le document dans lequel récupérer le tableau
- Positionnez le curseur à l'endroit où vous voulez insérer le tableau
- *Edition/Collage spécial*
- Cochez ○*Coller avec liaison*

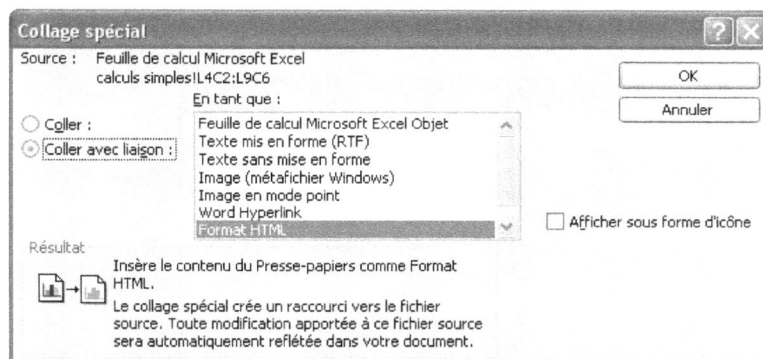

- Sélectionnez le format *Texte mis en forme (RTF)*
- Cliquez sur «OK»

Le tableau est inséré dans le document Word sous la forme d'un champ {LINK}.

4 - INCORPORER UN TABLEAU EXCEL DANS WORD

Cette fonction vous permet d'intégrer un tableau Excel dans Word, avec les particularités suivantes : le tableau incorporé n'est pas lié à l'original, mais le tableau reste modifiable avec les commandes et les fonctionnalités d'Excel.

- Créez le tableau dans Excel, enregistrez le classeur, puis sélectionnez le tableau

Cliquez sur ce bouton dans la barre d'outils *Standard*, ou *Edition/Copier*, ou appuyez sur ⌃Ctrl-**C**.

- Lancez ou activez Word
- Ouvrez le document dans lequel vous souhaitez intégrer le tableau
- Placez le curseur à l'endroit où vous voulez récupérer le tableau
- *Edition/Collage spécial*
- <En tant que> : sélectionnez *Feuille de calcul Microsoft Office Excel Objet*
- Cliquez sur «OK»

Modifier le tableau

- Double-clic dans le tableau
- Mettez à jour les données ou les formules à l'aide des commandes d'Excel, puis cliquez en dehors du cadre affichant le tableau

EXPORTER UN GRAPHIQUE EXCEL VERS WORD

Deux méthodes sont disponibles : copier l'image du graphique, ou créer une liaison entre le graphique Excel et le document Word.

1 - COPIER L'IMAGE DU GRAPHIQUE

Cette méthode consiste à transformer le graphique Excel en une image, puis à la placer dans un document Word. Les modifications susceptibles d'être apportées au graphique d'origine ne seront pas répercutées.

- Ouvrez la feuille graphique ou la feuille de calcul contenant le graphique
- Cliquez sur le graphique pour le sélectionner

Cliquez sur ce bouton dans la barre d'outils *Standard*, ou *Edition/Copier*, ou appuyez sur Ctrl-**C**.

- Lancez ou activez Word
- Ouvrez le document dans lequel vous souhaitez récupérer le graphique
- Placez le curseur à l'endroit ou vous voulez placer le graphique
- *Edition/Collage spécial*

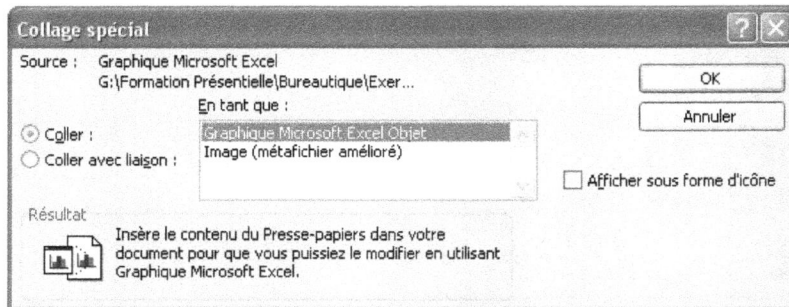

- <En tant que> : sélectionnez *Image (métafichier amélioré)*
- Cliquez sur «OK»

Pour modifier le dessin (ajouter ou supprimer du texte, des flèches, etc.) :
- Clic-droit dans le graphique, puis cliquez sur *Modifier l'image*
- Révisez le dessin avec les outils de dessin de Word
- Pour terminer, cliquez en dehors du cadre affichant le graphique

2 - CRÉER UNE LIAISON ENTRE LE GRAPHIQUE ET LE DOCUMENT WORD

Une liaison sera créée entre la copie du graphique placée dans le document Word et la feuille de calcul d'origine. Les modifications susceptibles d'être apportées au graphique d'origine seront dans ce cas répercutées.

- Affichez la feuille graphique ou la feuille de calcul contenant le graphique
- Sélectionnez le graphique

Cliquez sur ce bouton dans la barre d'outils *Standard*, ou *Edition/Copier*, ou appuyez sur Ctrl-**C**.

- Lancez ou activez Word, puis ouvrez le document dans lequel vous désirez intégrer le graphique
- Placez le curseur à l'endroit où vous voulez placer le graphique
- *Edition/Collage spécial*
- Cochez ❍*Coller avec liaison*
- Cliquez sur «OK»

IMPORTATION/EXPORTATION DE DONNÉES

1 - OUVRIR DANS EXCEL UN FICHIER CRÉÉ AVEC UNE AUTRE APPLICATION

Formats reconnus : Lotus 123, DIF, Sylk, DBase, Quattro Pro, Works, HTML, XML, Access et Texte.

- *Fichier/Ouvrir*
- <Type de fichiers> : sélectionnez son format
- Sélectionnez le dossier du fichier à importer, puis le nom du fichier
- Cliquez sur «Ouvrir»

Dans le cas d'un fichier Texte (Txt), l'Assistant Importation de texte est lancé.

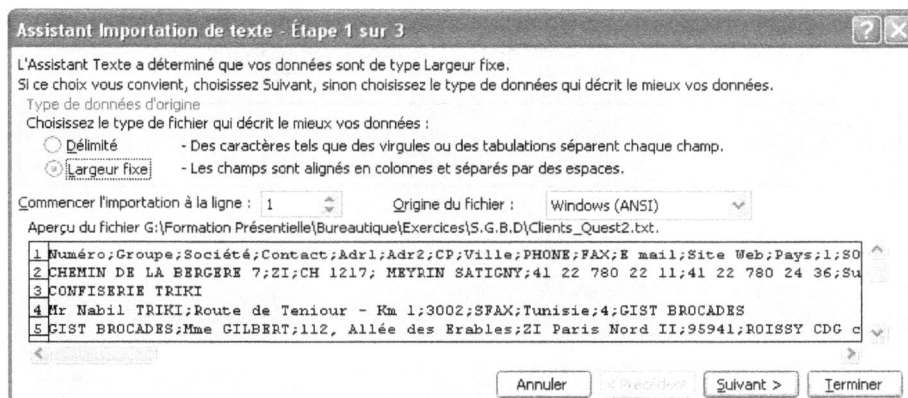

- Précisez si les données sont délimitées par un caractère ou si elles sont de largeur fixe
- Cliquez sur «Suivant»
- Si les données sont délimitées, indiquez les caractères utilisés comme séparateurs. Si les données sont de largeur fixe, indiquez la taille de chaque champ
- Cliquez sur «Suivant»
- Précisez accessoirement un format (Standard, Texte, Date, ...) pour chaque colonne
- Cliquez sur «Terminer»

Remarque : les données étant placées dans une feuille de calcul, on peut par la suite répartir sur plusieurs colonnes le contenu d'une seule à l'aide de la commande *Données/Convertir*.

2 - ENREGISTRER UNE FEUILLE/UN CLASSEUR DANS UN AUTRE FORMAT

Formats reconnus : Lotus 123, DIF, Sylk, DBase, Quattro Pro, Works, HTML, XML, Access, Texte et anciennes versions d'Excel.

- Ouvrez le classeur et affichez la feuille de calcul (suivant le format choisi, c'est la feuille de calcul active ou la totalité du classeur qui sera exportée)
- *Fichier/Enregistrer sous*, ou appuyez sur F12
- <Type de fichier> : sélectionnez le format d'exportation
- Cliquez sur «Enregistrer»

3 - IMPORTER DES DONNÉES ISSUES D'UN FICHIER EXTERNE

Formats reconnus : Access, bases de données ODBC, SQL Server, Oracle, Lotus 123, DBase, Paradox, HTML, et Texte.

- Ouvrez un classeur et affichez une feuille de calcul vierge
- *Données/Données externes/Importer des données*

IMPORTATION/EXPORTATION DE DONNÉES

- Sélectionnez le dossier, puis le nom du fichier
- Cliquez sur «Ouvrir»

S'il s'agit d'un fichier Texte, c'est l'Assistant *Importation de texte* est lancé. Procédez alors comme exposé page précédente. Dans le cas d'un fichier de tableur, le dialogue suivant liste les feuilles de calcul du fichier externe. Dans le cas d'une base de données, le dialogue liste les tables et les requêtes du fichier externe.

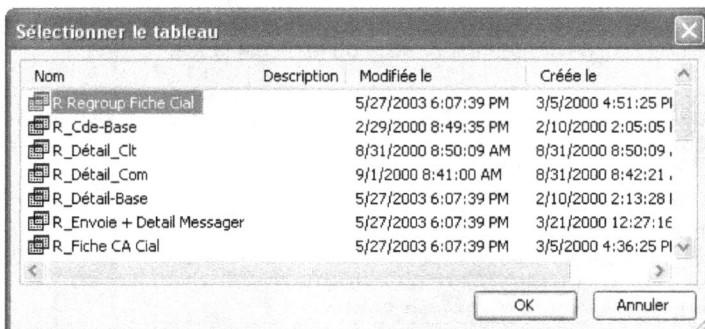

- Sélectionnez une feuille de calcul ou une table
- Cliquez sur «OK»

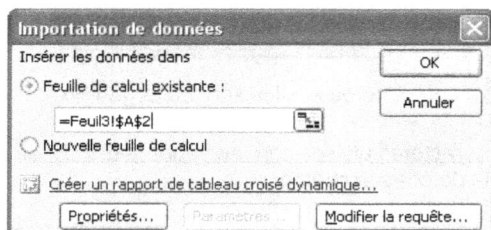

- Indiquez où insérer les données importées
- Cliquez sur «OK»

Mise à jour des données importées

Suite à une importation de données, Excel mémorise les coordonnées de la source de données. Sur votre demande, il peut donc réactualiser les données importées.

- Sélectionnez une cellule quelconque parmi les données importées

Cliquez sur ce bouton dans la barre d'outils *Données externes*, ou *Données/Actualiser les données*.

4 - CRÉER ET UTILISER UNE REQUÊTE EXTERNE

Le principe est similaire à l'importation de données externes. La différence réside dans le fait qu'en plus, il vous sera possible de filtrer les données externes en fonction de certains critères et de n'importer que certains champs. Formats reconnus : Access, bases de données ODBC, SQL Server, Oracle, Lotus 123, DBase, Paradox, HTML,et Texte.

Créer une requête

- Affichez une feuille de calcul vierge
- *Données/Données externes/Créer une requête*
- Sélectionnez par exemple *<MS Access Database>*

IMPORTATION/EXPORTATION DE DONNÉES

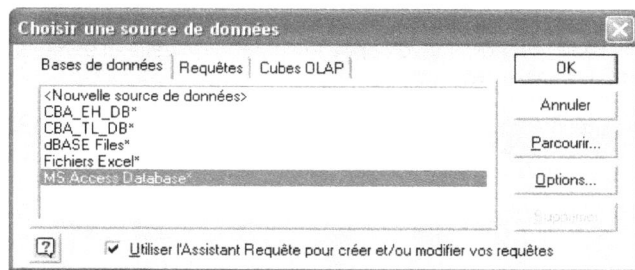

Choisir une source de données

Bases de données | Requêtes | Cubes OLAP

<Nouvelle source de données>
CBA_EH_DB*
CBA_TL_DB*
dBASE Files*
Fichiers Excel*
MS Access Database*

OK
Annuler
Parcourir...
Options...

☑ Utiliser l'Assistant Requête pour créer et/ou modifier vos requêtes

- Cliquez sur «OK»

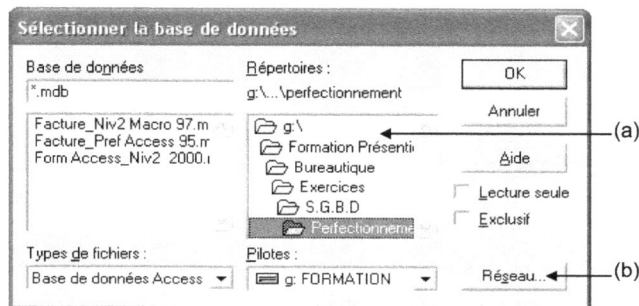

Sélectionner la base de données

Base de données
*.mdb

Facture_Niv2 Macro 97.m
Facture_Pref Access 95.m
Form Access_Niv2 2000.r

Types de fichiers :
Base de données Access ▼

Répertoires :
g:\...\perfectionnement

📁 g:\
📂 Formation Présenti
📂 Bureautique
📂 Exercices
📂 S.G.B.D
📂 Perfectionnem

Pilotes :
📼 g: FORMATION ▼

OK
Annuler
Aide
☐ Lecture seule
☐ Exclusif

Réseau... ◄── (b)

◄── (a)

- Sélectionnez en (a) le dossier contenant la source de données à exploiter

Si votre poste de travail est intégré à un réseau d'entreprise, il vous est possible d'accéder à un dossier partagé en cliquant sur le bouton (b).

La connexion à la source de données est lancée automatiquement.

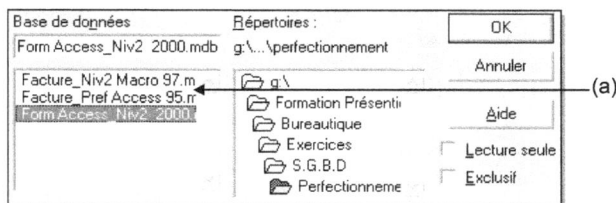

Base de données
Form Access_Niv2 2000.mdb

Facture_Niv2 Macro 97.m
Facture_Pref Access 95.m
Form Access_Niv2 2000.

Répertoires :
g:\...\perfectionnement

📁 g:\
📂 Formation Présenti
📂 Bureautique
📂 Exercices
📂 S.G.B.D
📂 Perfectionneme

OK
Annuler
Aide
☐ Lecture seule
☐ Exclusif

◄── (a)

- Sélectionnez la base de données en (a)
- Cliquez sur «OK»

L'Assistant Requête démarre :

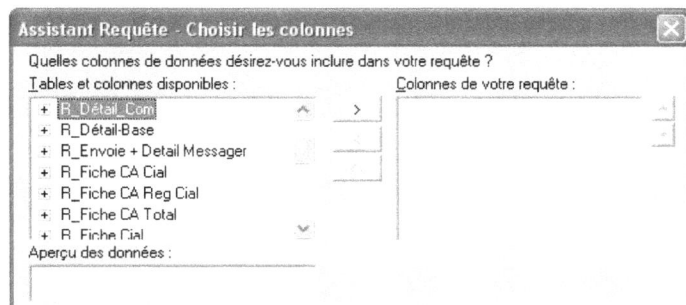

Assistant Requête - Choisir les colonnes

Quelles colonnes de données désirez-vous inclure dans votre requête ?

Tables et colonnes disponibles :

+ R_Détail_Com
+ R_Détail-Base
+ R_Envoie + Detail Messager
+ R_Fiche CA Cial
+ R_Fiche CA Reg Cial
+ R_Fiche CA Total
+ R Fiche Cial

Colonnes de votre requête :

Aperçu des données :

IMPORTATION/EXPORTATION DE DONNÉES

- Sélectionnez une table
- En cliquant sur le signe ⊞ qui précède son nom, développez le contenu de celle-ci afin d'en visualiser tous les champs à inclure dans la requête

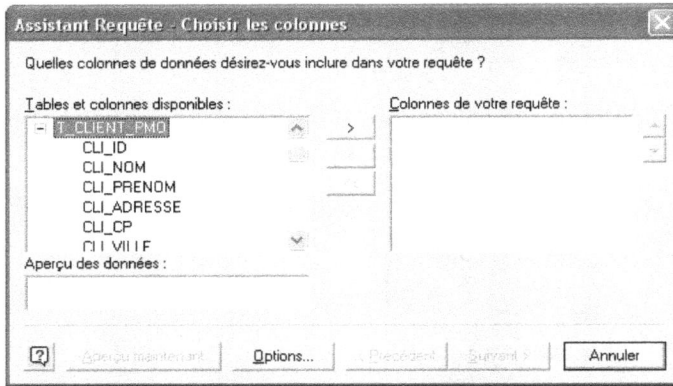

- Sélectionnez le nom de la table pour en intégrer tous les champs ou, après déploiement de l'affichage de la table, sélectionnez le nom de chaque champ à intégrer dans la requête.

> Cliquez sur ce bouton pour ajouter un champ à la sélection.

<< Cliquez sur ce bouton pour retirer un champ à la sélection.

Une fois tous les champs sélectionnés :
- Cliquez sur «Suivant»
- Précisez le/les critères de filtrage

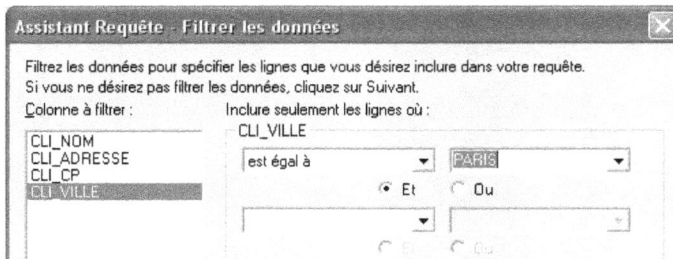

- Cliquez sur «Suivant»
- Spécifiez un critère de tri

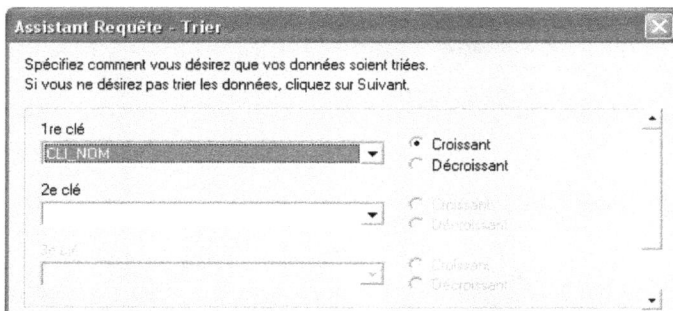

IMPORTATION/EXPORTATION DE DONNÉES

- Cliquez sur «Suivant»
- Cochez ○*Renvoyer les données vers Microsoft Office Excel*
- Cliquez sur «Enregistrer la requête»
- <Nom de fichier> : saisissez un nom pour votre nouvelle requête
- Cliquez sur «Enregistrer»
- Cliquez sur «Terminer»

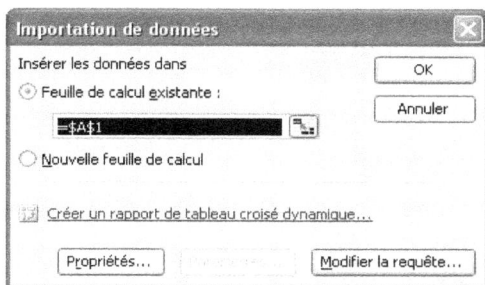

- Précisez la position de l'insertion pour les données importées par la requête
- Cliquez sur «OK»

Excel rapatrie dans la feuille de calcul les enregistrements qui correspondent aux critères de votre requête.

Mise à jour des données

- Sélectionnez une cellule quelconque parmi les données importées

    Cliquez sur ce bouton dans la barre d'outils *Données externes*, ou *Données/Actualiser les données*.

Modifier une requête

- Placez le curseur dans la plage des données importées

    Cliquez sur ce bouton dans la barre d'outils *Données externes*, ou *Données/Données externes/Modifier la requête*.

Créer un raccourci vers une source de données

Pour faciliter l'accès à une source de données que vous utilisez souvent, vous pouvez ajouter un raccourci vers cette source dans le dialogue *Choisir une source de données*.

- Affichez une feuille de calcul vierge
- *Données/Données externes/Créer une requête*

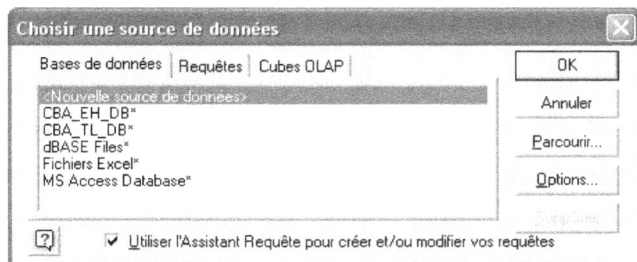

- Sélectionnez <*Nouvelle source de données*>
- Cliquez sur «OK»

IMPORTATION/EXPORTATION DE DONNÉES

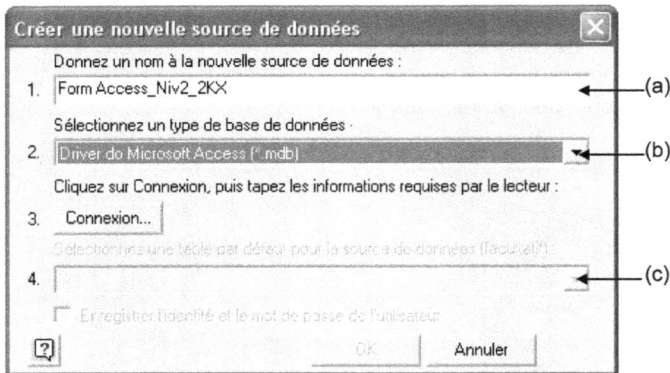

Créer une nouvelle source de données

Donnez un nom à la nouvelle source de données :

1. Form Access_Niv2_2KX — (a)

Sélectionnez un type de base de données :

2. Driver do Microsoft Access (*.mdb) — (b)

Cliquez sur Connexion, puis tapez les informations requises par le lecteur :

3. Connexion...

Sélectionnez une table par défaut pour la source de données (facultatif) :

4. — (c)

Enregistrer l'identité et le mot de passe de l'utilisateur

OK   Annuler

- Saisissez en (a) un nom de la source de données
- Sélectionnez le type de la base de données en (b)
- Cliquez sur «Connexion»
- Cliquez sur «Sélectionner»
- Sélectionnez le dossier, puis le nom du fichier de données externe
- Cliquez sur «OK» deux fois
- Sélectionnez en (c) le nom d'une table qui s'affichera par défaut
- Cliquez sur «OK»

La nouvelle source de données est ajoutée à la liste affichée par le dialogue :

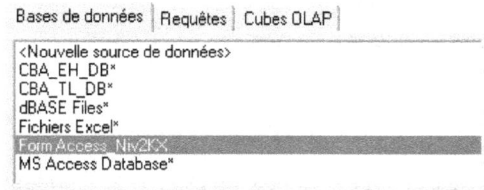

Bases de données | Requêtes | Cubes OLAP

```
<Nouvelle source de données>
CBA_EH_DB*
CBA_TL_DB*
dBASE Files*
Fichiers Excel*
Form Access_Niv2KX
MS Access Database*
```

- Cliquez sur «Annuler» pour terminer

ANALYSE ET SIMULATION

5

MODÈLE ITÉRATIF

1 - NOTION D'ITÉRATION

Dans certains modèles, il arrive qu'une formule renvoie indirectement à elle-même. La formule utilise son propre résultat dans son calcul. En résumé, elle boucle : on parle alors de référence circulaire. Pour résoudre ce type de problème, Excel procède par itérations, ce qui consiste à répéter le calcul en tenant compte à chaque fois du résultat du calcul précédent.

Une référence circulaire peut être soit divergente (elle n'amène aucun résultat significatif), soit convergente (elle converge vers une valeur).

Exemple 1 :

Calculons la participation d'un commercial qui représente 5,25 % du Chiffre des ventes net. Le chiffre des ventes net dépend du montant de la participation : les formules en B3 et B4 contiennent une référence circulaire car chacune fait référence à l'autre.

	A	B
1		*Données en K€*
2	C.des Vtes. Brut	1000
3	C.des Vtes. Net	=C_des_Vtes_Brut-Participation
4	Participation	=C_des_Vtes_Net*5,25%

	A	B
1		*Données en K€*
2	C.des Vtes. Brut	1 000,00
3	C.des Vtes. Net	950,12
4	Participation	49,88

Solution : Prime = 49.88 K€

Exemple 2 :

Résoudre l'équation à deux inconnues suivante :
X=(Y+25)/2 et Y=X/5

	D	E
1		
2	Val de X	=Val_Y+25/2
3	Val de Y	=Val_X/5

	D	E
1		
2	Val de X	15,625
3	Val de Y	3,125

Solution : X=15,625 et Y=3,125 (arrondi à 3 décimales)

2 - AUTORISER LE CALCUL ITÉRATIF

Par défaut, Excel n'effectue pas d'itération. Quand une référence circulaire est créée comme dans les deux exemples précédents, il affiche le message suivant :

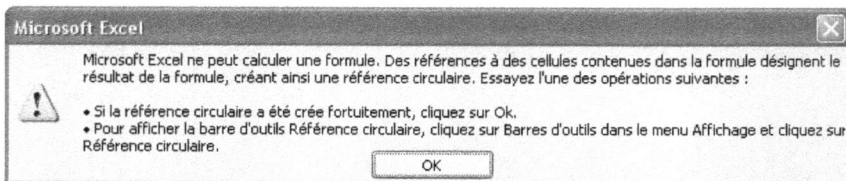

> **Microsoft Excel**
>
> ⚠ Microsoft Excel ne peut calculer une formule. Des références à des cellules contenues dans la formule désignent le résultat de la formule, créant ainsi une référence circulaire. Essayez l'une des opérations suivantes :
>
> • Si la référence circulaire a été créée fortuitement, cliquez sur Ok.
> • Pour afficher la barre d'outils Référence circulaire, cliquez sur Barres d'outils dans le menu Affichage et cliquez sur Référence circulaire.
>
> [OK]

• Cliquez sur «OK»

Dans ce cas, pour demander à Excel de chercher une solution par itérations :
• *Outils/Options,* puis cliquez sur l'onglet *Calcul*
• Cochez ☒*Itération*
• <Nb maximal d'itérations> : saisissez le nombre maximum de boucles autorisées dans la formule
• <Écart maximal> : saisissez la valeur d'écart entre deux calculs à partir de laquelle l'itération doit s'arrêter
• Cliquez sur «OK»

UTILITAIRES D'ANALYSE

Cet outil propose dix-neuf types d'analyses statistiques. Vous précisez la position des données, puis Excel génère un tableau de synthèse et, sur demande, un graphique. Il s'agit d'une macro complémentaire qui doit être installée si cela n'a pas encore été fait.

1 - INSTALLER LES UTILITAIRES D'ANALYSE

- *Outils/Macros complémentaires*

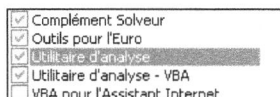

☑ Complément Solveur
☑ Outils pour l'Euro
☑ Utilitaire d'analyse
☑ Utilitaire d'analyse - VBA
☐ VBA pour l'Assistant Internet

- Cochez ☒*Utilitaire d'analyse*
- Cliquez sur «OK»

2 - UTILISER LES UTILITAIRES D'ANALYSE

- *Outils/Utilitaire d'analyse*

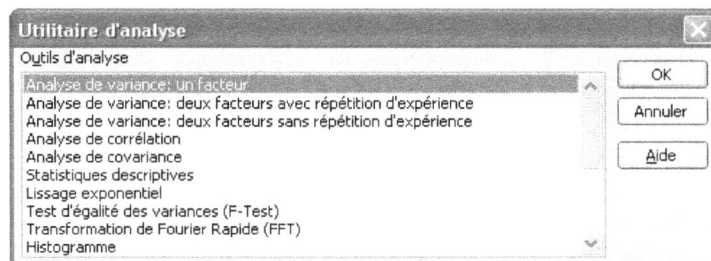

Utilitaire d'analyse

Outils d'analyse

Analyse de variance: un facteur
Analyse de variance: deux facteurs avec répétition d'expérience
Analyse de variance: deux facteurs sans répétition d'expérience
Analyse de corrélation
Analyse de covariance
Statistiques descriptives
Lissage exponentiel
Test d'égalité des variances (F-Test)
Transformation de Fourier Rapide (FFT)
Histogramme

OK   Annuler   Aide

- Sélectionnez un type d'analyse
- Cliquez sur «OK»
- Renseignez le dialogue qui s'affiche
- Cliquez sur «OK»

Exemple : calcul de la moyenne mobile d'une série.

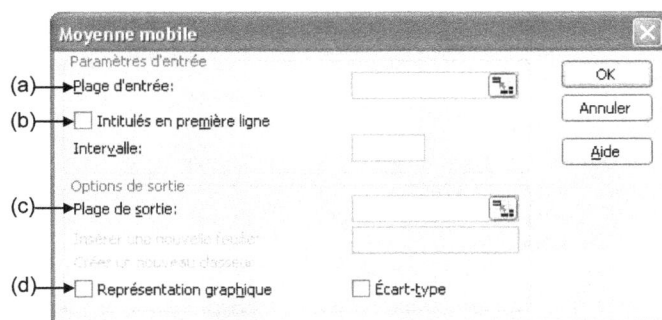

Moyenne mobile

Paramètres d'entrée
(a) ➤ Plage d'entrée:
(b) ➤ ☐ Intitulés en première ligne
Intervalle:

Options de sortie
(c) ➤ Plage de sortie:
Insérer une nouvelle feuille
Créer un nouveau classeur
(d) ➤ ☐ Représentation graphique   ☐ Écart-type

OK   Annuler   Aide

(a) Cliquez dans cette zone, puis sélectionnez la plage contenant les données de la série.
(b) Précisez si la plage contient des libellés.
(c) Indiquez ici la référence de la cellule du coin supérieur gauche de la plage de résultat.
(d) Indiquez si un graphique doit être généré.

- Cliquez sur «OK»

TABLE D'HYPOTHÈSES

Cette fonction vous permet de tester plusieurs hypothèses pour une formule. Il peut y avoir une ou deux variables et les résultats sont présentés dans un tableau.

1 - TABLE À SIMPLE ENTRÉE (UNE VARIABLE)

L'exemple suivant est un modèle qui permet de calculer le montant du remboursement mensuel pour un prêt. Il utilise pour cela la fonction VPM (valeur des paiements).

L'objectif est de voir quelle est l'influence d'une variation du taux d'intérêt sur le montant du remboursement mensuel.

E127	▼	fx	=VPM(E125/12;E124;-E123)			
	B	C	D	E	F	G
121	Montant du remboursement d'un prêt suivant un taux de remboursement allant de 5% à 12,5%					
122						
123	Montant de l'emprunt			275 000,00 €		
124	Durée du remboursement (en mois)			180		(a)
125	Taux d'intérêt de l'emprunt			10%		
126						
127	Montant du remboursement			2 955,16 €		(b)
128			5,0%			
129			7,5%			(c)
130			10,0%			
131			12,5%			

Créez le modèle de manière habituelle :

- Saisissez les données utilisées par la formule, ici en (a)
- Créez la formule ; ici =VPM(E125/12;E124;-E123) en (b)

Créez, puis remplissez la table : comme nous voulons ici tester l'influence d'une variation du taux d'intérêt, la variable est le taux.

- Saisissez en (c), sous la formule créée précédemment et dans la colonne précédente, les valeurs du taux à tester
- Sélectionnez la plage de cellules contenant la formule et les valeurs de test, ici D126:E131
- *Données/Table*

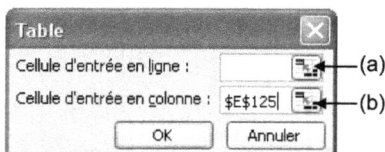

Table

Cellule d'entrée en ligne :		(a)
Cellule d'entrée en colonne :	$E$125	(b)
OK	Annuler	

- Cliquez en (a) si les valeurs à tester sont en ligne ou en (b) si les valeurs à tester sont en colonne (dans notre exemple, elles sont en colonne)
- Saisissez la référence de la cellule variable (ici il s'agit du taux, soit la cellule E125) ou cliquez directement sur cette cellule dans la feuille de calcul
- Cliquez sur «OK»

La table se remplit et affiche les montants des remboursements en fonction des taux saisis :

127	Montant du remboursement		2 955,16 €
128		5,0%	2 174,68 €
129		7,5%	2 549,28 €
130		10,0%	2 955,16 €
131		12,5%	3 389,44 €

TABLE D'HYPOTHÈSES

2 - TABLE À DOUBLE ENTRÉE (DEUX VARIABLES)

L'exemple suivant est un modèle qui permet de calculer le montant du remboursement mensuel pour un prêt. Il utilise pour cela la fonction VPM (valeur des paiements). L'objectif est de voir quelle est l'influence d'une variation du taux d'intérêt et d'une variation de la durée du prêt sur le montant du remboursement mensuel.

Il y a donc deux variables : le taux et la durée.

E127		f_x =VPM(E125/12;E124;-E123)					
	B	C	D	E	F	G	H
121	Montant du remboursement d'un prêt suivant un taux de remboursement allant de 5% à 12,5%						
122							
123	Montant de l'emprunt			275 000,00 €			
124	Durée du remboursement (en mois)			180	(a)		
125	Taux d'intérêt de l'emprunt			10%			(c)
126		(b)			*durée en mois*		
127	Montant du remboursement			2 955,16 €	120	180	240
128				5,0%			
129		(d)		7,5%			
130				10,0%			
131				12,5%			

Créez le modèle de manière habituelle :

- Saisissez les données utilisées par la formule, ici en (a)
- Créez la formule ; ici =VPM(E125/12;E124;-E123) en (b)

Créez puis remplissez la table :

- Saisissez en (c), à droite de la formule précédemment créée, les valeurs à tester pour la première variable (la durée)
- Saisissez en (d), sous la formule, les valeurs à tester pour la seconde variable (le taux)
- Sélectionnez la plage de cellules contenant la formule et les valeurs de test, ici E127:H131
- *Données/Table*

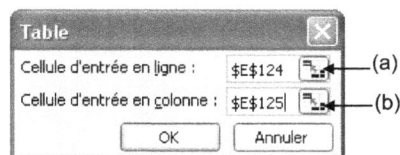

Table

Cellule d'entrée en ligne :	$E$124	(a)
Cellule d'entrée en colonne :	$E$125	(b)

OK   Annuler

- Cliquez en (a)
- Saisissez la référence de la cellule variable dont les valeurs de test ont été saisies en ligne (ici la durée, donc saisissez E124) ou cliquez directement sur cette cellule dans la feuille.
- Cliquez en (b)
- Saisissez la référence de la cellule variable dont les valeurs de test ont été saisies en colonne (ici le taux, donc E125) ou cliquez directement sur cette cellule dans la feuille
- Cliquez sur «OK»

La table se remplit et présente les montants en fonction des taux et des durées saisies :

	durée en mois		
Montant du remboursement	2 955,16 €	120	180	240
5,0%	2 916,80 €	2 174,68 €	1 814,88 €
7,5%	3 264,30 €	2 549,28 €	2 215,38 €
10,0%	3 634,15 €	2 955,16 €	2 653,81 €
12,5%	4 025,34 €	3 389,44 €	3 124,39 €

VALEUR CIBLE

Le principe consiste à raisonner à l'envers : on crée une formule, puis on indique le résultat souhaité. Excel calcule alors quelle doit être la valeur de l'une des données utilisées par le calcul pour que ce résultat soit atteint.

Exemple : le modèle suivant calcule le montant du remboursement mensuel pour un prêt, étant donnés le montant de l'emprunt, sa durée et le taux d'intérêt. Question : sachant que ma capacité de remboursement est de 500 € par mois, combien puis-je emprunter ?

Créez le modèle :
- Saisissez les données en (a)
- Créez en (b) la formule utilisant ces données

Recherchez la valeur :
- Sélectionnez la cellule contenant la formule (ici, N84)
- *Outils/Valeur cible*

- Indiquez en (a) le résultat souhaité pour la formule (ici, 500)
- Indiquez en (b) les références de la cellule dont Excel devra modifier la valeur (ici, le montant de l'emprunt : N80)
- Cliquez sur «OK»

- Cliquez sur «OK»

Excel affiche alors le résultat de sa recherche :

Calcul du montant d'un remboursement de prêt	
Montant à emprunter	24 952,65 €
Durée (en mois)	60
Taux d'intérêt	8%
Remboursement mensuel	500,00 €

SOLVEUR

Le solveur permet de chercher les valeurs que doivent avoir certaines variables pour que le résultat d'un calcul soit optimisé (maximal, minimal ou égal à une valeur précise).

Il est possible de préciser des contraintes sur divers éléments du modèle : prix inférieur à 500, marge supérieure à 10%, etc.

Pour résoudre un problème à l'aide du solveur, il faut identifier trois éléments :

– La cellule cible : cellule dont le résultat doit être maximal, minimal ou égal à une valeur.

– Les cellules variables : cellules dont les valeurs peuvent être modifiées par le solveur.

– Les contraintes (optionnelles) : bornes dans lesquelles doivent rester certaines valeurs.

Il s'agit d'une macro complémentaire qui doit être installée si cela n'a pas encore été fait.

1 - INSTALLER LE SOLVEUR

- *Outils/Macros complémentaires*
- Cochez ☒*Complément Solveur*
- Cliquez sur «OK»

2 - RECHERCHER UNE VALEUR QUI EN MAXIMISE UNE AUTRE

	H	I	J	K	L
107	Prix d'achat	50,00 €			
108	Prix de Vente	**75,00 €**		*Cellule variable*	
109	Marge unitaire	25,00 €	=I108-I107		
111	Qte Unités	3 086	=(2500/(I108-30))^2		
112	Chiffre d'affaires	231 481,48 €	=I113*I108		
113	Bénfice	*77 160,49 €*	=I109*I111	*Cellule cible à Définir*	

Ce modèle calcule le bénéfice généré par la vente d'un produit. La colonne J affiche, pour information, les formules de la colonne I. La particularité de ce modèle est d'émettre l'hypothèse que le nombre d'unités vendues (I111) dépend du prix de vente et suit la règle suivante : VENTES=(2500/(PRIX-30))^2. En termes clairs, plus le produit est cher, plus la marge unitaire est élevée mais moins on fait de ventes, et inversement.

Vaut-il mieux vendre 10 000 produits à 50 € ou seulement 5 000 mais à 75 € ? La meilleure solution est probablement intermédiaire et le solveur va la trouver si on lui pose la question : quel est le prix de vente qui amènera un bénéfice maximal ?

- *Outils/Solveur*

- Saisissez en (a) les références de la cellule cible, celle à maximiser (ici, le bénéfice : I113)
- Indiquez en (b) si sa valeur doit être maximale, minimale ou égale à une valeur précise
- Cliquez en (c) et saisissez la référence de la cellule variable, celle que le solveur est autorisé à modifier (ici, le prix : I108)

SOLVEUR

- Cliquez sur «Résoudre»

Si le solveur trouve une solution, il affiche un dialogue de ce type :

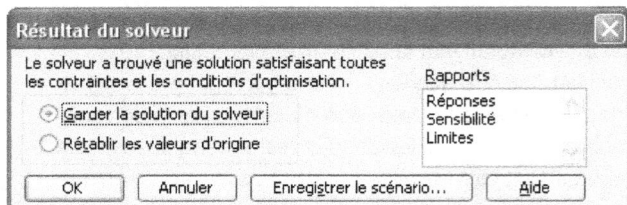

- Cochez ○*Garder la solution du solveur* pour que la valeur trouvée remplace l'ancienne
- Cliquez sur «OK»

Solution : le bénéfice maximal est de 78 125 € pour un prix de vente de 70 €.

3 - AJOUTER DES CONTRAINTES

Pour que le modèle soit réaliste, il est souvent nécessaire de limiter la marge de fluctuation de certaines valeurs. Dans notre exemple, nous pouvons ajouter les contraintes suivantes :

– La marge unitaire doit être supérieure à 20 euros.

– Le stock étant de 3 250 unités, le nombre d'unités vendues ne doit pas dépasser 3 250.

- *Outils/Solveur*
- Cliquez sur «Ajouter»

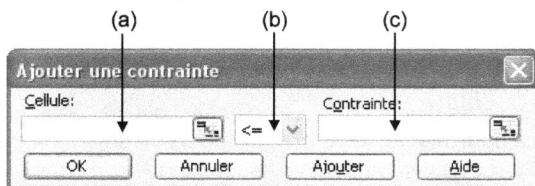

Ajoutez la première contrainte :

- Tapez I109 en (a) ou cliquez dans la cellule pour faire apparaître sa référence
- Sélectionnez le signe >= (supérieur ou égal) en (b)
- Tapez 20 en (c)
- Cliquez sur «Ajouter»

Ajoutez la seconde contrainte :

- Tapez I111 en (a)
- Vérifiez que le signe <= (inférieur ou égal) apparaît en (b)
- Tapez 3250 en (c)
- Cliquez sur «OK»

La liste des contraintes apparaît dans le dialogue du solveur.

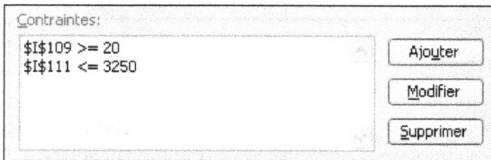

Remarque : dans ce dialogue, le bouton «Modifier» permet de changer les caractéristiques de la contrainte sélectionnée et le bouton «Supprimer» permet de supprimer la contrainte sélectionnée.

- Cliquez sur «Résoudre», puis sur «OK»

SCÉNARIOS

Vous disposez d'un modèle et souhaitez le tester avec plusieurs valeurs en entrée et conserver une trace de ces différents cas de figure.

Un scénario est un ensemble nommé de valeurs d'entrée que vous pouvez réappliquer à volonté à un modèle. Lors de la création d'un scénario, il vous faudra préciser les cellules variables et les valeurs à utiliser dans ces cellules.

1 - CRÉER UN SCÉNARIO

Exemple :

	A	B	C	D	E
139		Chiffre d'Affaires	7 250 000,00 €	=Ventes_1er_Sem+Ventes_2eme_Sem	
140		Marge Bénéficiaire	12,5%	12,5	
141		*Bénéfice Brut*	906 250,00 €	*=C139*C140*	
143		Charges Locatives	97 520,00 €	97520	
144		Charges de Personnel	125 725,00 €	125725	
145		Autres Charges	75 345,00 €	75345	
146		*Total des Charges*	298 590,00 €	*=SOMME(C143:C145)*	
148		*Bénéfice Net*	607 660,00 €	*=C141-C146*	

Créons deux scénarios pour ce budget : une hypothèse haute et une hypothèse basse.

- Créez ou affichez la feuille contenant le modèle
- *Outils/Gestionnaire de scénarios*
- Cliquez sur «Ajouter»

- Saisissez en (a) un nom pour le scénario
- Spécifiez en (b) les adresses des cellules variables en les séparant par des points-virgules
- Cliquez sur «OK»

- Modifiez en (a) la valeur pour la première variable (la Marge Bénéficiaire) : *25%*
- Modifiez en (b) la valeur pour la seconde variable (Charges locatives) : *45720*
- Modifiez en (c) la valeur pour la troisième variable (Charges de personnel) : *95000*

SCÉNARIOS

- Modifiez en (d) la valeur pour la quatrième variable (Autres Charges) : *175000*
- Cliquez sur «Ajouter»

Passez à la création du scénario suivant :
- <Nom du scénario> : tapez un nom pour le scénario
- Cliquez sur «OK»
- Modifiez les valeurs pour le second scénario : *12,5 %,97525,125725 et 75345*
- Cliquez sur «Ajouter» pour créer un autre scénario, ou cliquez sur «OK» pour terminer
- Cliquez sur «Fermer»

2 - AFFICHER UN SCÉNARIO
- *Outils/Gestionnaire de scénarios*

- Sélectionnez le titre d'un scénario
- Cliquez sur «Afficher», ou double-clic sur le titre du scénario à afficher
- Cliquez sur «Fermer»

3 - RAPPORT DE SYNTHÈSE
- Nommez, sans utiliser d'espaces dans les noms, les cellules contenant les variables ainsi que la/les cellules contenant le résultat
- *Outils/Gestionnaire de scénarios*
- Cliquez sur «Synthèse»
- <Cellules résultantes> : tapez en les séparant avec des points-virgules les noms des cellules calculées dont vous voulez visualiser les résultats dans les diverses hypothèses
- Cliquez sur «OK»

Excel crée une feuille *Synthèse de scénarios* et y place la synthèse de vos divers scénarios :

Synthèse de scénarios			
	Valeurs actuelles :	Hypothèse A	Hypothèse B
Cellules variables :			
Marge	33,00%	25,00%	12,50%
Charge1	97 520 €	45 720 €	97 520 €
Charge2	125 725 €	95 000 €	125 725 €
Charge3	75 345 €	175 000 €	75 345 €
Cellules résultantes :			
Resultat	2 093 910 €	1 496 780 €	607 660 €

CONSOLIDATION

Cette fonction permet de consolider plusieurs tableaux ayant des libellés identiques, dans une nouvelle feuille de calcul. Deux possibilités :

– Les tableaux à consolider ont une structure identique, ils contiennent les mêmes libellés et dans le même ordre : on les consolidera à l'aide de leur référence.

– Les tableaux à consolider ont la même structure, mais leur taille est différente ou leurs libellés ne sont pas dans le même ordre : on les consolidera par catégories (libellés).

1 - CONSOLIDER PAR RÉFÉRENCES

Exemple : vous disposez de ces deux feuilles de calcul, chacune présentant les résultats d'un trimestre. Vous désirez les consolider pour obtenir les résultats du premier semestre.

	A	B
1	Détail des des Ventes sur Semestre 1	
2	Commerciaux	C.A. / Com
3	Sylvianne	750 000,00 €
4	Bernard	552 750,00 €
5	Marc-Antoine	275 000,00 €
6	Florent	297 500,00 €
7	Mathilde	125 625,00 €
9	Total des Vtes	2 000 875,00 €

	A	B
1	Détail des des Ventes sur Semestre 2	
2	Commerciaux	C.A. / Com
3	Sylvianne	574 825,00 €
4	Bernard	694 230,00 €
5	Marc-Antoine	175 260,00 €
6	Florent	180 000,00 €
7	Mathilde	184 725,00 €
9	Total des Vtes	1 809 040,00 €

	A	B
1	Détail des des Ventes Conso Sem 1 & 2	
2	Commerciaux	C.A. / Com
3	Sylvianne	1 324 825,00 €
4	Bernard	1 246 980,00 €
5	Marc-Antoine	450 260,00 €
6	Florent	477 500,00 €
7	Mathilde	310 350,00 €
9	Total des Vtes	3 809 915,00 €

- Insérez une nouvelle feuille de calcul
- Construisez un tableau ayant la même structure que les tableaux à consolider
- Sélectionnez la zone devant contenir les valeurs à consolider (ici, B3 à B7)
- *Données/Consolider*

- Sélectionnez en (a) le type de consolidation à effectuer (généralement une somme)
- Cliquez en (b)
- Sélectionnez la première feuille à consolider en cliquant sur son onglet
- Sélectionnez dans la feuille la plage de données à consolider (ici : B3 à B7)
- Cliquez sur «Ajouter»

CONSOLIDATION

- Recommencez pour tous les autres tableaux à consolider : les noms s'accumulent en (c)
- Cliquez sur «OK» pour terminer

Remarque : dans le dialogue de consolidation, vous pouvez cocher ☒*Lier aux données source* pour créer une liaison permanente entre le tableau consolidé et les tableaux sources. Le tableau généré sera alors en mode Plan et mis à jour en permanence.

2 - CONSOLIDER PAR LIBELLÉS

Exemple :

	A	B
12	Etat des Ventes à l'international	
13	*Amérique du Nord*	*C.A. / Com*
14	Isabelle	240 735,00 €
15	Eric	195 270,00 €
16	Kany	164 325,00 €
17	Eric	24 685,00 €
18	Isabelle	91 735,00 €
20	*Total des Vtes*	*716 750,00 €*

	A	B
12	Etat des Ventes à l'international	
13	*Amérique du Sud*	*C.A. / Com*
14	Isabelle	240 735,00 €
15	Nadine	195 270,00 €
16	Eric	164 325,00 €
17	Nadine	24 685,00 €
18	Isabelle	91 735,00 €
20	*Total des Vtes*	*716 750,00 €*

	A	B
12	Etat des Ventes à l'international	
13	*Amérique*	*C.A. / Com*
14	Isabelle	664 940,00 €
15	Nadine	219 955,00 €
16	Eric	384 280,00 €
17	Kany	164 325,00 €
19	*Total des Vtes*	*1 433 500,00 €*

- Créez une nouvelle feuille et placez le curseur là où le tableau à consolidé doit débuter
- *Données/Consolider*

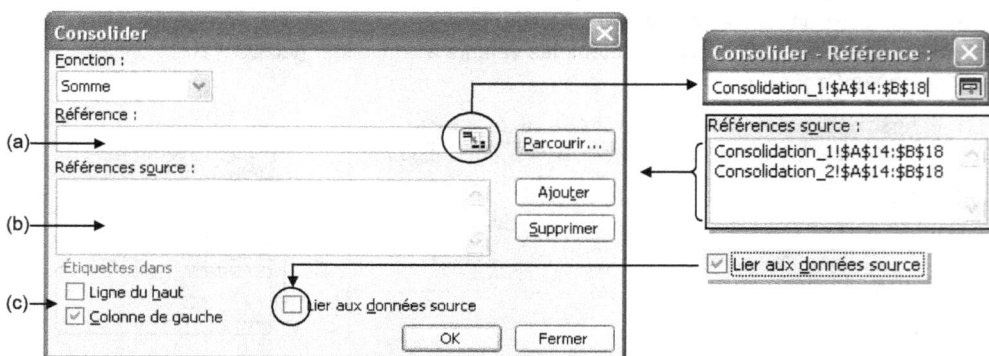

- Cliquez en (a)
- Sélectionnez la première feuille à consolider en cliquant sur son onglet
- Sélectionnez dans la feuille les données à consolider, en incluant les libellés
- Cliquez sur «Ajouter»
- Recommencez pour tous les autres tableaux à consolider : les noms s'accumulent en (b)
- Cochez en (c) la case indiquant où se trouvent les libellés (ici, ☒*Colonne de gauche)*
- Cochez ☒*Lier aux données source* pour que la consolidation soit dynamique et mise à jour en cas de modification des données d'origine (le tableau généré sera en mode Plan)
- Cliquez sur «OK» pour terminer

PRODUCTIVITÉ ET ORGANISATION

6

MODÈLES

Un modèle est un classeur contenant des données, des formules et des mises en forme, et qui peut servir de base pour la création d'autres classeurs.

Les modèles ont l'extension .XLT et sont généralement enregistrés dans le dossier *Documents and Settings\Nom d'utilisateur\Application Data\Microsoft\Modèles*.

Si vous créez un modèle nommé CLASSEUR.XLT et que vous placez un raccourci vers ce fichier dans le dossier *Program Files\Microsoft Office\Office11\XLStart*, tout nouveau classeur sera basé sur lui.

1 - CRÉER UN MODÈLE

- Créez un nouveau classeur, saisissez les données et les formules du modèle
- *Fichier/Enregistrer sous*
- <Type de fichier> : sélectionnez *Modèle (*.xlt)*

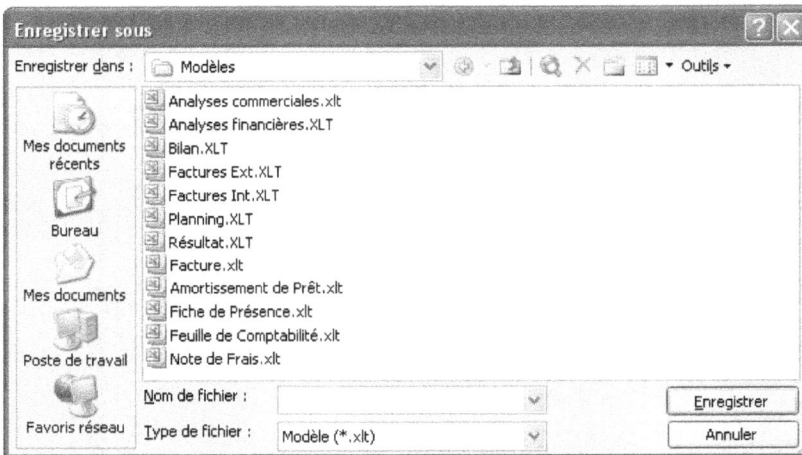

- <Nom de fichier> : saisissez le nom du modèle
- Cliquez sur «Enregistrer»

2 - UTILISER UN MODÈLE

- *Fichier/Nouveau* pour afficher le volet Office *Nouveau classeur*

- Cliquez sur le nom d'un modèle récemment utilisé

Ou

- Cliquez sur le lien *Sur mon ordinateur*
- Dans le dialogue qui s'affiche, cliquez sur l'un des onglets, chacun regroupant une famille de modèles (ceux que vous avez créés sont regroupés sous l'onglet *Général*)

- Sélectionnez l'icône du modèle à utiliser
- Cliquez sur «OK»

GROUPE DE TRAVAIL

Il est possible de réunir plusieurs feuilles de calcul dans un groupe de travail : le travail effectué dans l'une des feuilles du groupe (saisie, création de formules, mises en forme) est alors automatiquement répercuté dans toutes les autres feuilles du groupe.

1 - CRÉER UN GROUPE DE TRAVAIL

- Maintenez la touche [Ctrl] appuyée et cliquez successivement sur les onglets des feuilles à inclure dans le groupe

A partir de maintenant, tout ce qui est saisi ou mis en forme dans l'une des feuilles du groupe est répercuté dans les autres :

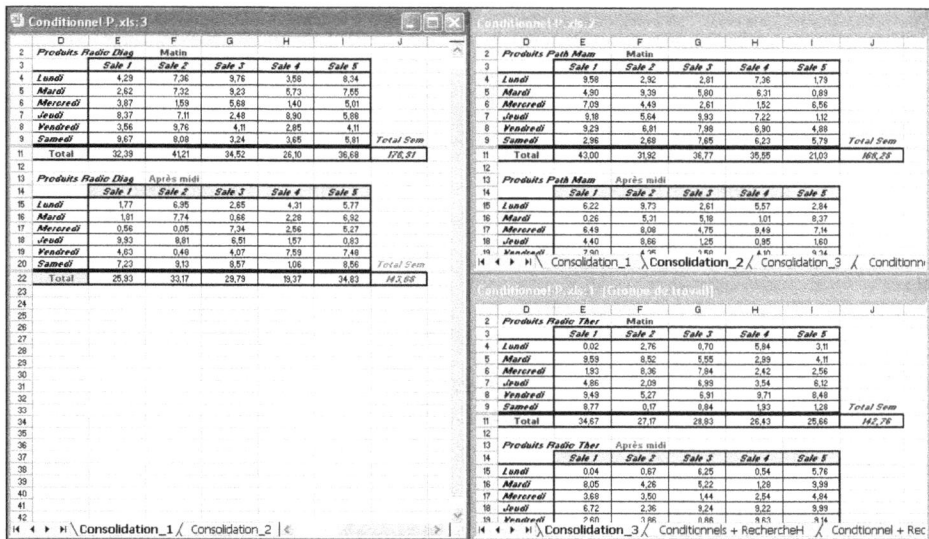

2 - DÉSACTIVER UN GROUPE

- Clic-droit sur l'onglet de l'une des feuilles du groupe, puis cliquez sur *Dissocier les feuilles*

3 - RECOPIER VERS UN GROUPE

Pour copier une plage à partir d'une feuille vers les autres feuilles d'un groupe, à la même position.

- Sélectionnez la plage à copier
- Constituez le groupe : maintenez appuyée la touche [Ctrl] et cliquez sur les onglets des diverses feuilles à y inclure
- *Edition/Remplissage/Dans toutes les feuilles de calcul*

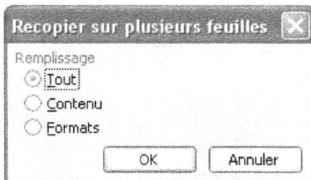

- Indiquez ce qui doit être recopié
- Cliquez sur «OK»

MODE PLAN

Le mode Plan permet de structurer une feuille de calcul en attribuant à des blocs de lignes ou de colonnes des niveaux hiérarchiques. Il devient alors possible de ne visualiser que les lignes/colonnes supérieures à un niveau donné.

1- CRÉER AUTOMATIQUEMENT LE PLAN

- Sélectionnez le tableau à structurer
- *Données/Grouper et créer un plan/Plan automatique*

	A	B	C	D	E	F	G	H	I	J
3		*Janvier*	*Février*	*Mars*	*Trim 1*	*Avril*	*Mai*	*Juin*	*Trim 2*	*Sem 1*
4	*Europe*									
5	France	600 066	644 120	266 607	*1 510 794*	682 098	972 236	397 134	*2 051 468*	*3 562 262*
6	Angleterre	517 159	752 704	590 496	*1 860 360*	821 565	452 273	344 185	*1 618 022*	*3 478 382*
7	Allemagne	709 461	848 713	135 942	*1 694 116*	940 926	702 223	156 482	*1 799 631*	*3 493 747*
8	Espagne	425 223	399 521	28 908	*853 652*	339 102	866 044	653 005	*1 858 150*	*2 711 802*
9	Grèce	828 717	102 408	532 993	*1 464 117*	529 227	811 154	880 368	*2 220 749*	*3 684 866*
10	*S\Total Eur*	*3 080 626*	*2 747 465*	*1 554 947*	*7 383 038*	*3 312 918*	*3 803 929*	*2 431 174*	*9 548 021*	*33 862 119*
12	*Asie*									
13	Japon	215 388	160 338	605 380	*981 106*	137 667	527 085	8 616	*673 368*	*1 654 474*
14	Chine	380 135	407 732	862 107	*1 649 974*	973 899	878 649	101 650	*1 954 199*	*3 604 173*
15	Thaïlande	122 883	314 058	432 362	*869 303*	422 659	901 799	226 062	*1 550 519*	*2 419 822*
16	Cambodge	363 969	142 670	563 147	*1 069 786*	237 473	485 674	592 745	*1 315 892*	*2 385 677*
17	Philipines	395 962	851 583	694 969	*1 942 513*	395 492	70 882	931 287	*1 397 661*	*3 340 174*
18	*S\Total Asie*	*1 478 336*	*1 876 381*	*3 157 964*	*6 512 681*	*2 167 190*	*2 864 088*	*1 860 360*	*6 891 638*	*26 808 639*
20	*Amérique*									
21	Canada	964 494	533 252	91 938	*1 589 684*	153 383	659 599	884 923	*1 697 906*	*3 287 589*
22	USA	638 570	18 747	119 901	*777 218*	372 412	683 380	99 735	*1 155 527*	*1 932 745*
23	Argentine	371 767	829 286	518 797	*1 719 851*	985 063	262 092	532 869	*1 780 024*	*3 499 875*
24	Brésil	980 720	542 400	500 611	*2 023 731*	386 584	635 372	805 332	*1 827 287*	*3 851 019*
25	*S\Total Asie*	*2 955 552*	*1 923 684*	*1 231 247*	*6 110 483*	*1 897 442*	*2 240 443*	*2 322 860*	*6 460 745*	*12 571 228*
27	*Total monde*	*7 514 514*	*6 547 530*	*5 944 158*	*20 006 203*	*7 377 550*	*8 908 460*	*6 614 394*	*22 900 404*	*73 241 986*

2 - MODIFIER L'AFFICHAGE DU PLAN

Le tableau étant maintenant structuré en plusieurs niveaux, il est possible de demander à ne visualiser que ceux supérieurs à un niveau donné, et ainsi de masquer ou d'afficher le détail de certaines parties du tableau.

Afficher/Masquer des niveaux

1	N'affiche que le premier niveau.
2	Affiche les deux premiers niveaux.
3	Affiche les trois premiers niveaux, etc.

Développer/Réduire certaines parties du plan

−	Masque une partie.
+	Affiche une partie actuellement masquée.

	A	E	F	G	H	I	J
3		*Trim 1*	*Avril*	*Mai*	*Juin*	*Trim 2*	*Sem 1*
4	*Europe*						
5	France	*1 362 525*	749 713	32 678	30 742	*813 133*	*2 175 658*
6	Angleterre	*1 096 720*	807 212	102 573	389 305	*1 299 090*	*2 395 810*
7	Allemagne	*1 216 610*	514 786	397 336	539 569	*1 451 691*	*2 668 301*
8	Espagne	*2 285 570*	871 257	551 469	124 817	*1 547 544*	*3 833 113*
9	Grèce	*1 350 396*	500 737	883 104	617 845	*2 001 685*	*3 352 082*
10	*S\Total Eur*	*7 311 820*	*3 443 705*	*1 967 161*	*1 702 278*	*7 113 143*	*28 849 927*

Retirer les symboles du plan

- *Données/Grouper et créer un plan/Effacer le plan*

LIENS HYPERTEXTE

Un lien hypertexte permet un accès immédiat, à partir du classeur en cours, à un autre classeur, à un document créé à l'aide d'une autre application, à une page Web, à un autre emplacement dans le classeur en cours, à un nouveau classeur, ou à une adresse e-mail.

Un lien hypertexte peut apparaître dans le document sous la forme d'un texte de couleur bleue et souligné, ou bien sous la forme d'une image : il suffira de cliquer dessus pour afficher l'élément associé.

1 - UTILISER UN LIEN HYPERTEXTE

Afficher ce vers quoi pointe un lien

- Sans cliquer, amenez le pointeur sur le lien

Après quelques instants, un encadré jaune affiche l'adresse associée au lien :

Exercice 1

file:///G:\Formation
Présentielle\Exercices\Tableur\Ms Excel\
Exercices.xlsBase - 'calculs simples'!A1 -
Cliquez une fois pour suivre. Cliquez et
maintenez le bouton de la souris enfoncé
pour sélectionner cette cellule.

Adresse e-mail

mailto:bbcalim@hotmail.com - Cliquez une
fois pour suivre. Cliquez et maintenez le
bouton de la souris enfoncé pour
sélectionner cette cellule.

Mon Provider

http://www.club-internet.fr/

Accéder à l'élément lié

- Cliquez sur le lien

Notez qu'une fois qu'un lien hypertexte a été utilisé, sa couleur change et il devient violet.

2 - CRÉER UN LIEN VERS UN FICHIER OU UNE PAGE WEB EXISTANTE

- Affichez la feuille de calcul dans laquelle on souhaite insérer le lien
- Positionnez le curseur là où l'adresse du lien doit apparaître ou sélectionnez une image

Cliquez sur ce bouton dans la barre d'outils *Standard*, ou *Insertion/Lien hypertexte*, ou appuyez sur Ctrl-**K**.

Fichier ou
page Web
existant(e)

Cliquez sur ce bouton.

Pour un classeur Excel ou un fichier d'une autre origine

Dossier en
cours

Cliquez sur ce bouton.

Regarder dans :	Ms Excel			
Dossier en cours	INIT			
	Initiation			
	Perf			
	Perf +			
Pages parcourues	Perfectionnement			
	Gérer le temps BBO 2000.xls			
	Gestion de temps BBO 99.xls			
Fichiers récents	PARTAGE D.doc			
Adresse :	..\Perfectionnement			

- Sélectionnez le dossier, puis le nom du fichier

- <Texte à afficher> : saisissez le texte du lien, à moins qu'il s'agisse d'une image
- Cliquez sur «OK»

Ou

| Fichiers récents | Cliquez sur ce bouton. |

- Sélectionnez le nom d'un fichier récemment utilisé
- Cliquez sur «OK»

S'il s'agit d'un classeur Excel autre que celui actuellement affiché, le lien peut pointer non seulement vers le classeur, mais plus précisément sur l'une de ses feuilles de calcul et sur une plage nommée de la feuille.

- Cliquez sur «Signet»

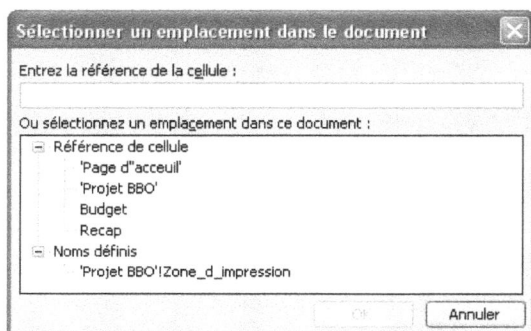

- Sélectionnez le nom d'une feuille de calcul ou d'une plage
- Cliquez sur «OK»

Pour une page Web

Cliquez sur ce bouton dans la barre d'outils du dialogue.

Internet Explorer est lancé.
- A l'aide des commandes de ce navigateur, affichez la page Web
- Réduisez ensuite la fenêtre d'Internet Explorer
- <Texte à afficher> : saisissez le texte du lien, à moins qu'il s'agisse d'une image

Ou

| Pages parcourues | Cliquez sur ce bouton. |

- Sélectionnez une page Web parmi les dernières que vous avez consultées
- Cliquez sur «OK»

3 - CRÉER UN LIEN VERS UN EMPLACEMENT DANS LE CLASSEUR OUVERT

- Positionnez le curseur là où l'adresse du lien doit apparaître ou sélectionnez une image

Cliquez sur ce bouton dans la barre d'outils *Standard*, ou *Insertion/Lien hypertexte*, ou appuyez sur [Ctrl]-**K**.

| Emplacement dans ce document | Cliquez sur ce bouton. |

LIENS HYPERTEXTE

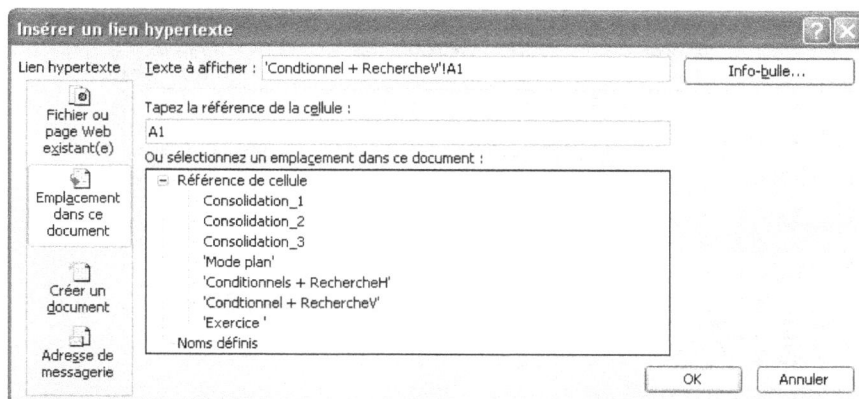

- Sélectionnez le nom d'une feuille de calcul ou d'une plage nommée
- <Texte à afficher> : tapez le texte du lien, à moins qu'il s'agisse d'une image
- Cliquez sur «OK»

4 - CRÉER UN LIEN VERS UN NOUVEAU CLASSEUR

- Positionnez le curseur là où l'adresse du lien doit apparaître ou sélectionnez une image

Cliquez sur ce bouton dans la barre d'outils *Standard*, ou *Insertion/Lien hypertexte*, ou appuyez sur Ctrl-**K**.

Créer un document   Cliquez sur ce bouton.

- <Nom du nouveau document> : saisissez un nom
- <Texte à afficher> : saisissez le texte du lien, à moins qu'il s'agisse d'une image
- <Quand modifier> : indiquez quand le nouveau document sera créé
- Cliquez sur «OK»

5 - CRÉER UN LIEN VERS UNE ADRESSE DE MESSAGERIE

- Placez le curseur là où l'adresse du lien doit apparaître ou sélectionnez une image

Cliquez sur ce bouton dans la barre d'outils *Standard*, ou *Insertion/Lien hypertexte*, ou appuyez sur Ctrl-**K**.

Adresse de messagerie   Cliquez sur ce bouton.

- <Texte à afficher> : saisissez le texte du lien, à moins qu'il s'agisse d'une image
- <Adresse de messagerie> : tapez l'adresse de messagerie du destinataire du message
- <Objet> : saisissez l'objet du message
- Cliquez sur «OK»

6 - RÉVISER UN LIEN HYPERTEXTE OU LE SUPPRIMER

- Clic-droit sur le lien, puis cliquez sur *Modifier le lien hypertexte*
- Effectuez les modifications et cliquez sur «OK»

ou

- Clic-droit sur le lien, puis cliquez sur *Supprimer le lien hypertexte*

INTRODUCTION AUX MACROS

Une macro-commande est une suite de commandes et/ou de manipulations enregistrées qui peut être répétée à volonté. Les manipulations enregistrées sont converties par Excel en une suite d'instructions Visual Basic qui sont enregistrées dans une feuille de type Module.

1 - ENREGISTRER UNE MACRO-COMMANDE

- *Outils/Macro/Nouvelle macro*

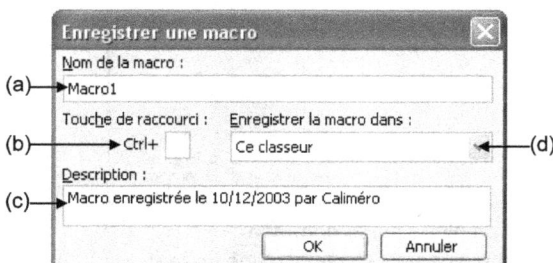

- Saisissez en (a), sans espaces, le nom de la macro
- Saisissez une description en (c)
- Précisez en (b) la lettre qui servira de raccourci clavier pour lancer votre macro
- Indiquez en (d) l'endroit où la macro doit être enregistrée : dans le classeur de macros personnelles, dans ce classeur ou dans un nouveau classeur. Si vous sélectionnez *Classeur de macros personnelles,* la macro sera enregistrée dans le classeur de macros *PERSO.XLS* et sera disponible en permanence. Sinon elle ne sera disponible que lorsque le classeur qui la contient sera ouvert
- Cliquez sur «OK»
- Effectuez maintenant les actions à mémoriser

A la fin :

 Cliquez sur le premier bouton dans la barre d'outils flottante, ou *Outils/Macro/Arrêter l'enregistrement*.

2 - ENREGISTREMENT RELATIF OU ABSOLU

Si la macro déplace le curseur ou effectue des sélections (figée sur une cellule), il vous faut préciser si l'enregistrement doit être absolu ou relatif : s'il est relatif, lorsque vous lancerez la macro, elle s'exécutera à partir de la position en cours du curseur. S'il est absolu, la macro ne tient pas compte de la position courante du curseur. Pour passer de l'enregistrement absolu à l'enregistrement relatif, et inversement :

 Avant de passer les commandes à enregistrer, cliquez sur ce bouton dans la barre d'outils flottante.

3 - VISUALISER LE CONTENU DE LA MACRO

Macro enregistrée dans le classeur

- *Outils/Macro/Macros*, ou appuyez sur Alt-F8

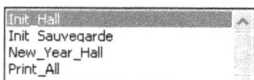

- Sélectionnez le nom de la macro
- Cliquez sur «Modifier»

INTRODUCTION AUX MACROS

L'éditeur Visual Basic est lancé et la macro affichée.

```
(Général)                                          ▼   Test                        ▼

    Sub Test()

    ' Test Macro
    ' Macro enregistrée le 20/11/1999 par Xxxxx
    '

    '

        Range("D28").Select
        Range(Selection, Selection.End(xlToRight)).Select
        Selection.Copy
        Range("B37").Select
        Selection.PasteSpecial Paste:=xlAll, Operation:=xlNone, SkipBlanks:=False _
            , Transpose:=True
        Range("D51").Select
        Application.CutCopyMode = False
    End Sub
```

Puis, pour quitter l'éditeur :
- *Fichier/Fermer et retourner à Microsoft Excel*, ou appuyez sur Alt-**Q**

Macro enregistrée dans PERSO.xls

Le classeur PERSO.xls est généré dès l'enregistrement de votre première macro personnelle si vous sélectionnez l'emplacement *Classeur de macros personnelles*.

Pour pouvoir modifier une macro de ce type, il vous faut commencer par afficher le classeur *PERSO.xls* qui est généralement masqué.

- *Fenêtre/Afficher*
- Sélectionnez *PERSO.XLS* dans la liste
- Cliquez sur «OK»

Puis,
- *Outils/Macro/Macros*, ou appuyez sur Alt-F8

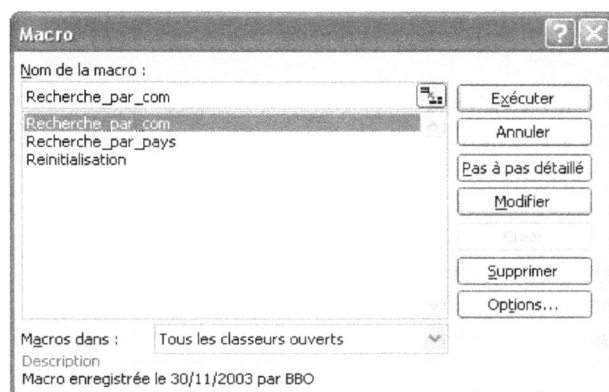

- Sélectionnez *le nom de la macro*
- Cliquez sur «Modifier»

L'éditeur Visual Basic est lancé et la macro affichée.

Attention : quand vous quittez l'éditeur Visual Basic, Excel affiche le classeur *PERSO.xls*. Ne refermez pas ce classeur, mais masquez-le avec la commande *Fenêtre/Masquer*.

INTRODUCTION AUX MACROS

4 - EXÉCUTER UNE MACRO

- Ouvrez le classeur contenant la macro, à moins qu'elle ne soit enregistrée dans le classeur *PERSO.xls*

Suivant le degré de sécurité (sécurité moyen par défaut) Excel vous propose d'activer ou non les macros enregistrées :

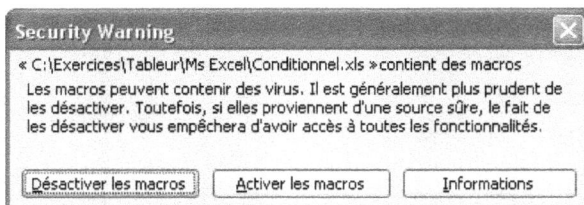

- Cliquez sur «Activez les macros»
- Tapez le raccourci clavier associé à la macro

ou

- *Outils/Macro/Macros*, ou appuyez sur Alt-F8
- Sélectionnez le nom de la macro dans la liste
- Cliquez sur «Exécuter»

5 - PRÉVENTION CONTRE LES VIRUS MACROS

- *Outils/Macro/Sécurité*

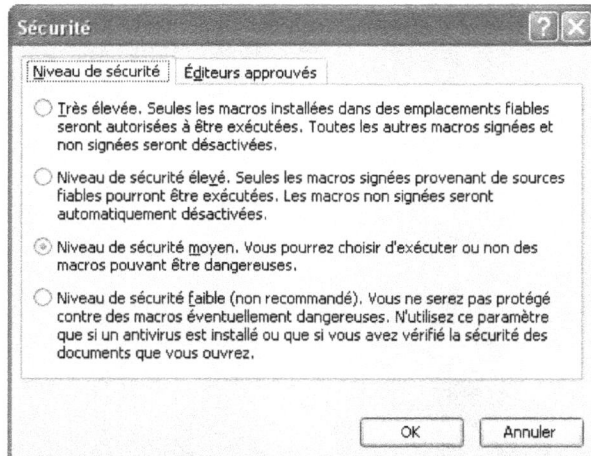

- Sélectionnez un niveau de sécurité :
- – Très élevé : seules les macros installées dans un emplacement fiables sont autorisées à être exécutées.
- – Élevé : seules les macros signées sont exécutées.
- – Moyen : Excel vous demandera s'il faut exécuter ou non les macros.
- – Faible : Excel exécute toutes les macros.
- Cliquez sur «OK»

MESSAGERIE
ET PAGES WEB

7

ENVOYER UN MESSAGE À PARTIR D'EXCEL

Vous pouvez envoyer un message à partir d'Excel de façon à transmettre la totalité d'un classeur en pièce jointe ou le contenu d'une feuille de calcul dans le corps du message.

• Ouvrez le classeur et affichez la feuille de calcul si vous souhaitez n'envoyer qu'elle

Cliquez sur ce bouton dans la barre d'outils *Standard*.

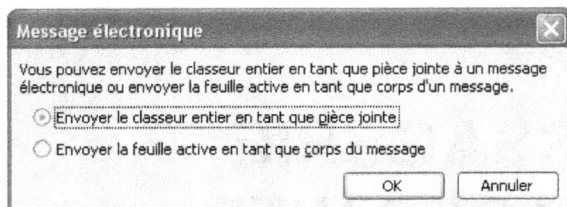

Message électronique

Vous pouvez envoyer le classeur entier en tant que pièce jointe à un message électronique ou envoyer la feuille active en tant que corps d'un message.

○ Envoyer le classeur entier en tant que pièce jointe
○ Envoyer la feuille active en tant que corps du message

OK   Annuler

• Indiquez si vous souhaitez transmettre le classeur en tant que pièce jointe ou le contenu de la feuille de calcul active dans le corps du message
• Cliquez sur «OK»

Si vous envoyez le classeur entier, Excel lance votre programme de messagerie :

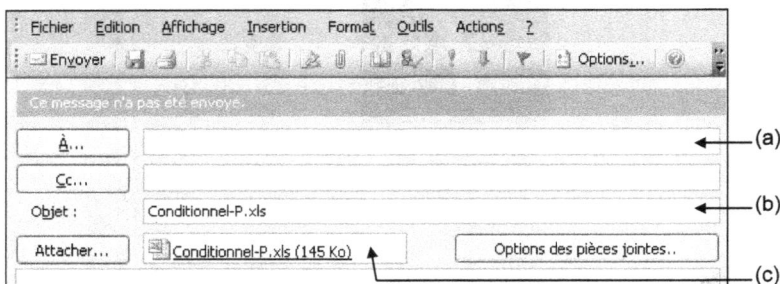

Fichier   Edition   Affichage   Insertion   Format   Outils   Actions   ?

Envoyer   Options...

Ce message n'a pas été envoyé.

À...   (a)

Cc...

Objet :   Conditionnel-P.xls   (b)

Attacher...   Conditionnel-P.xls (145 Ko)   Options des pièces jointes..

                                                                        (c)

• Saisissez le nom ou l'adresse du destinataire en (a)
ou

À...   Cliquez sur ce bouton pour sélectionner le destinataire dans votre carnet d'adresses.

• Tapez un objet en (b)
• Vérifiez qu'en (c) l'icône représente le classeur attaché
• Envoyez le message

Si vous n'envoyez qu'une feuille de calcul, une nouvelle barre d'outils s'affiche :

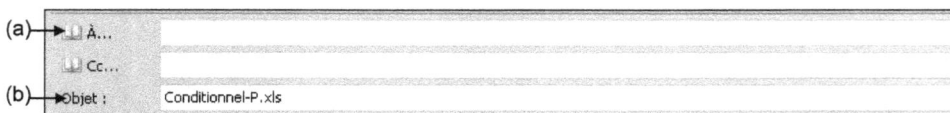

(a)   À...

      Cc...

(b)   Objet :   Conditionnel-P.xls

• Saisissez le nom ou l'adresse du destinataire en (a)
ou

À...   Cliquez sur ce bouton pour sélectionner le destinataire dans votre carnet d'adresses.

L'objet en (b) représente, par défaut, le nom du classeur d'où est tiré la feuille de calcul.

Envoyer cette feuille   Cliquez sur ce bouton dans la barre d'outils pour envoyer la feuille.

CRÉER UNE PAGE WEB

Un document au format HTML (une page Web) a la particularité de pouvoir être lu par des personnes ne disposant pas d'Excel sur leur poste puisque n'importe quel navigateur Web est capable de l'afficher. C'est le format utilisé sur le Web, ainsi que sur les réseaux intranet.

Un classeur peut être enregistré au format HTML (extension .htm). Et un classeur Excel ayant été converti au format HTML peut à tout instant être réenregistré au format Excel.

1 - APERÇU DE LA PAGE WEB

Pour visualiser un aperçu du classeur courant sous la forme d'une page Web affichée dans votre navigateur Web. Le document n'est pas pour autant enregistré au format HTML.

- *Fichier/Aperçu de la page Web*

Internet Explorer est lancé et le classeur est affiché :

Les flèches permettent de se déplacer de feuille en feuille

Les boutons dans la partie inférieure de la fenêtre correspondent aux onglets des différentes feuilles du classeur, ils fonctionnent de la même manière.

2 - ENREGISTRER UN CLASSEUR OU UNE FEUILLE COMME UNE PAGE WEB

Pour enregistrer au format HTML la totalité du classeur courant, la feuille de calcul active, ou une plage de cellules.

- Ouvrez le classeur, affichez la feuille de calcul, ou sélectionnez une plage de cellules
- *Fichier/Enregistrer en tant que Page Web*
- <Nom de fichier> : saisissez un nom pour la page Web
- Sélectionnez un dossier
- Cochez ❍ *Classeur entier*, ❍ *Sélection : Feuille*, ou ❍ *Sélection : Références d'une plage* afin d'indiquez quelle partie du classeur doit être enregistrée
- Cliquez sur «Modifier le titre»

CRÉER UNE PAGE WEB

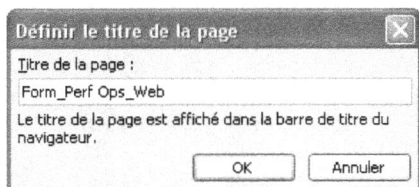

Définir le titre de la page

Titre de la page :

Form_Perf Ops_Web

Le titre de la page est affiché dans la barre de titre du navigateur.

[OK] [Annuler]

- Saisissez le titre qui s'affichera dans la barre de titre du navigateur lors de l'affichage de ce document
- Cliquez sur «OK»

Excel vous permet, lors de l'enregistrement au format HTML du classeur, de la feuille ou de la sélection, de conserver après l'enregistrement certaines de ses fonctionnalités via une barre d'outils qui apparaîtra sur la page Web :

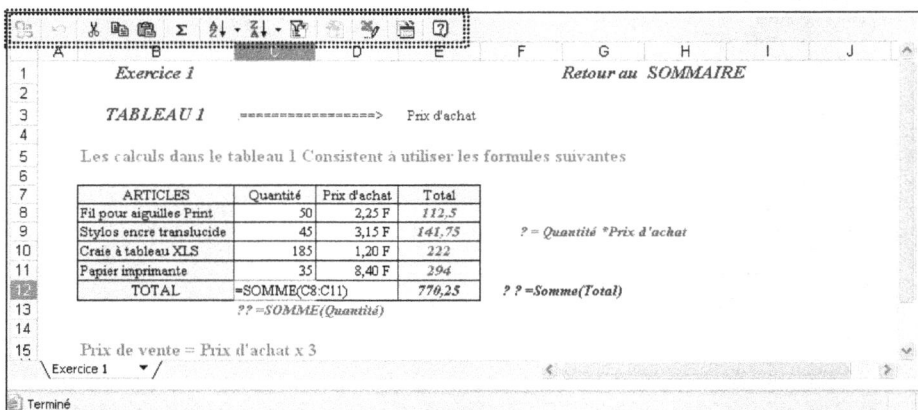

	A	B	C	D	E	F	G	H	I	J
1	*Exercice 1*						*Retour au SOMMAIRE*			
2										
3	*TABLEAU 1*	================>		Prix d'achat						
4										
5	Les calculs dans le tableau 1 Consistent à utiliser les formules suivantes									
6										
7		ARTICLES	Quantité	Prix d'achat	Total					
8		Fil pour aiguilles Print	50	2,25 F	*112,5*		*? = Quantité *Prix d'achat*			
9		Stylos encre translucide	45	3,15 F	*141,75*					
10		Craie à tableau XLS	185	1,20 F	*222*					
11		Papier imprimante	35	8,40 F	*294*					
12		TOTAL	=SOMME(C8:C11)		*770,25*		*? ? =Somme(Total)*			
13			*?? =SOMME(Quantité)*							
14										
15		Prix de vente = Prix d'achat x 3								

Exercice 1

Terminé

- Pour cela, cochez ☒*Ajouter l'interactivité*

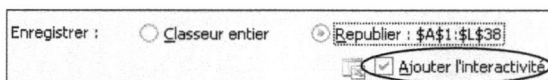

Enregistrer : ○ Classeur entier   ● Republier : $A$1:$L$38
☑ Ajouter l'interactivité

- Cliquez sur «Enregistrer»

Si le classeur ou la feuille de calcul utilise des fonctionnalités qui disparaîtront lors de l'enregistrement au format HTML, un message s'affiche :

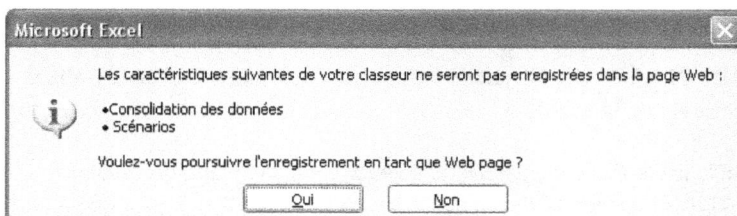

Microsoft Excel

ⓘ Les caractéristiques suivantes de votre classeur ne seront pas enregistrées dans la page Web :

- •Consolidation des données
- • Scénarios

Voulez-vous poursuivre l'enregistrement en tant que Web page ?

[Oui] [Non]

- Cliquez sur «Oui»

Remarque : un dialogue avec plusieurs onglets permet de paramétrer certaines options concernant l'enregistrement de classeurs en tant que pages Web. Pour y accéder, passer la commande *Outils/Option*, cliquez sur l'onglet *Général*, puis sur «Options Web».

PUBLIER SUR UN INTRANET

Si votre entreprise ou vous-même êtes équipé d'un serveur intranet Web (serveur de fichiers utilisant le protocole TCP/IP et distribuant des documents au format HTML), vous pouvez aisément y enregistrer des pages Web créées avec Excel (on parle de publication) et consulter les documents qui s'y trouvent déjà.

Il est possible de publier ainsi dans un dossier Web un classeur entier, une feuille de calcul, une plage de cellules, un tableau croisé dynamique ou un graphique croisé dynamique.

L'une des particularités de cette méthode est que les autres utilisateurs de l'intranet pourront consulter ces documents avec leur navigateur Web et n'ont pas besoin de disposer d'Excel.

De plus, si Microsoft Office Web Component est installé sur votre poste et si vous utilisez Internet Explorer comme navigateur, les pages publiées de cette façon pourront être dynamiques. C'est-à-dire qu'elles seront accompagnées de barres d'outils très proches de celles d'Excel, et que l'on pourra modifier les données et les formules. Et s'il s'agit de tableaux croisés dynamiques, l'utilisateur pourra leur appliquer divers filtres.

1 - AJOUTER LE SITE INTRANET À VOS DOSSIERS WEB

Vous devez connaître l'adresse du site intranet et du dossier dans lequel vous êtes autorisé à enregistrer des fichiers. La procédure suivante peut varier suivant la version de Windows utilisée. Elle est donnée ici pour Windows XP.

Cliquez sur ce bouton dans la barre d'outils *Standard*, ou *Fichier/Ouvrir,* ou appuyez sur Ctrl-**O**, ou encore sur Ctrl-F12.

Dans la partie gauche du dialogue, cliquez sur ce bouton.

Favoris réseau

Cliquez sur ce bouton dans la barre d'outils.

Assistant Ajout d'un Favori réseau

Cet Assistant vous permet de vous abonner à un service qui offre de l'espace de stockage en ligne. Vous pouvez utiliser cet espace pour stocker, organiser et partager vos documents et images en utilisant uniquement un navigateur Web et une connexion Internet.

Vous pouvez également utiliser cet Assistant afin de créer un raccourci vers un site Web, un site FTP ou un emplacement réseau.

Cliquez sur Suivant pour continuer.

< Précédent   Suivant >   Annuler

- Cliquez sur «Suivant»
- Sélectionnez l'icône ci-dessous

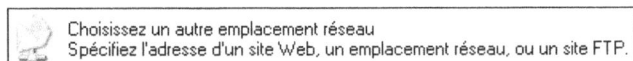

Choisissez un autre emplacement réseau
Spécifiez l'adresse d'un site Web, un emplacement réseau, ou un site FTP.

PUBLIER SUR UN INTRANET

- Cliquez sur «Suivant»

Adresse réseau ou Internet :

| | Parcourir... |

- Tapez l'adresse (URL) du site. Par exemple : http://srvbur/projets ou http://localhost/projets
- Cliquez sur «Suivant»

Créez un nom pour ce raccourci qui vous aidera à identifier cet emplacement réseau :
http://localhost/projets.

Entrez un nom pour ce Favori réseau :

Projets_SrvWeb

- Saisissez un nom pour ce nouveau favori réseau
- Cliquez sur «Suivant»

Un raccourci vers ce favori réseau apparaitra dans Favoris réseau.

☐ Ouvrir ce site lorsque j'aurai terminé.

- Cochez pour ☒ *Ouvrir ce site lorsque j'aurai terminé* vous souhaitez ouvrir le site dès la fermeture de l'assistant
- Cliquez sur «Terminer»

Le raccourci est créé dans les Favoris réseau :

Projets_SrvWeb

- Cliquez sur «Annuler» pour quitter le dialogue

2 - PUBLIER UN CLASSEUR OU UNE FEUILLE SUR UN SITE INTRANET

- Ouvrez le classeur, puis affichez une feuille ou sélectionnez la plage de cellules à publier
- *Fichier/Enregistrer en tant que page Web*

Favoris réseau

Dans la partie gauche du dialogue, cliquez sur ce bouton.

PUBLIER SUR UN INTRANET

- Double-clic sur le nom du dossier Web et accessoirement sur l'un de ses sous-dossiers
- Cochez ○Classeur entier, ou ○Sélection : Feuille

Si vous sélectionnez une plage de cellule, celle-ci s'affichera comme ci-dessous :

Enregistrer :   ○ Classeur entier   ◉ Sélection : $A$3:$H$27
                              ☐ Ajouter l'interactivité

- <Nom de fichier> : saisissez un nom pour la page Web
- Cliquez sur «Publier»

- Sélectionnez en (a) ce qui doit être publié : le classeur entier, une des feuilles du classeur (à choisir parmi la liste proposée), ou une plage de cellule (à valider ou à sélectionner)
- Si vous souhaitez que le classeur ou la page publiée soit interactive :

Options d'affichage
☐ Ajouter l'interactivité avec :   Fonctionnalité de la feuille de calcul
     L'élément sélectionné sera publié en tant que page statique, sans fonctionnalité interactive.

- Cochez ☒ Ajouter l'interactivité avec

Options d'affichage
☑ Ajouter l'interactivité avec :   Fonctionnalité de la feuille de calcul
     Taper et calculer les données dans Microsoft Internet Explorer 5.01 ou version ultérieure.

- Sélectionnez ensuite à côté un type d'interactivité : *Fonctionnalité de la feuille de calcul* pour un classeur ou une feuille classique, *Fonctionnalité du tableau croisé dynamique* pour un tableau croisé, *Fonctionnalité du graphique* pour un graphique
- Cochez ☒*Ouvrir la page Web publiée dans un navigateur*
- Cochez accessoirement ☒*Republier automatiquement lors de chaque enregistrement de ce classeur*
- Cliquez sur «Publier»

PUBLIER SUR UN INTRANET

Le document Excel est alors converti au format HTML, transmis à votre serveur intranet, puis ouvert dans votre navigateur Web.

Par exemple, dans le cas d'une feuille de calcul classique vous obtenez l'exemple ci-dessous :

L'onglet vous permet, dans le cas de la publication d'un classeur complet, de sélectionner la page à afficher.

Dans le cas de la publication d'une simple feuille de calcul.

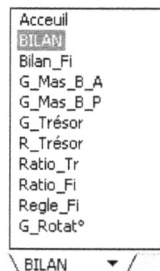

Dans le cas de la publication d'un classeur complet.

REQUÊTES SUR LE WEB

Les requêtes Web permettent d'importer des pages ou des tables dans un classeur Excel, à partir de documents hébergés sur le Web. La sélection des zones à récupérer est particulièrement simple puisqu'il suffit de cliquer sur des flèches qui marquent automatiquement les différents objets présents sur la page Web.

Excel mémorise les coordonnées de la page Web et peut donc, sur demande, réactualiser les données importées.

1 - RÉCUPÉRER DES DONNÉES SUR LE WEB

- Affichez une feuille de calcul vierge
- *Données/Données externes/Nouvelle requête sur le Web*
- Dans la zone <Adresse>, tapez l'adresse de la page Web contenant les données à récupérer et appuyez sur ⏎

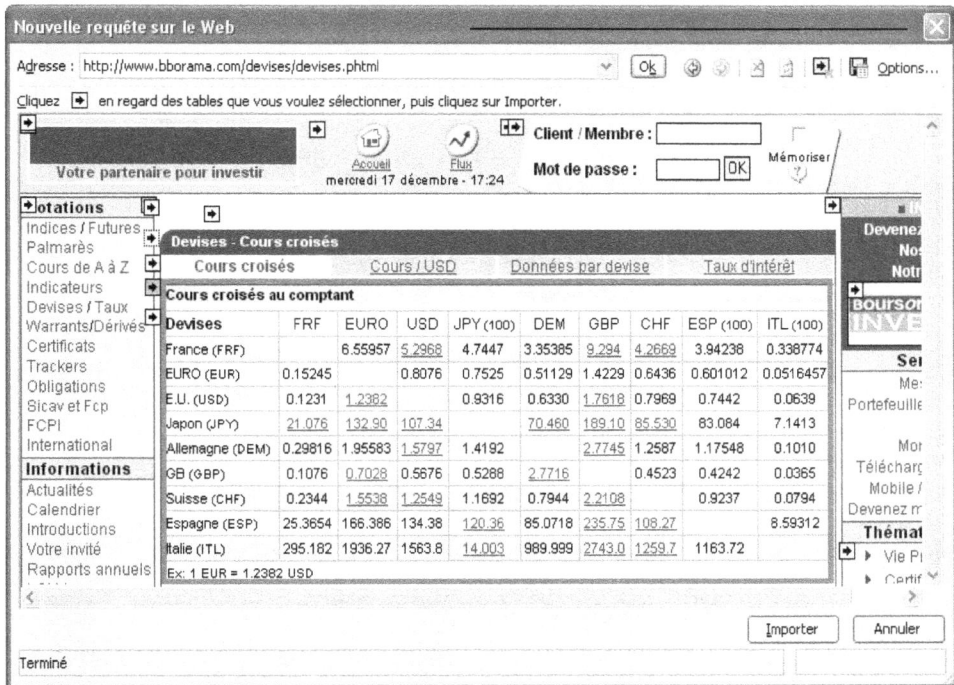

- Sélectionnez les zones à importer en cliquant sur les flèches jaunes ➡ qui leur sont associées

Au passage du pointeur sur une flèche, le cadre de la flèche change de couleur et devient vert, et la partie de la page associée à cette flèche est encadrée en bleu. Un simple clic permet de sélectionner la partie à importer : la flèche change alors et se transforme en une coche ✅. Pour désélectionner une zone, il suffit de cliquer sur la coche qui lui est associée.

Libellé	Dernier €	Var.	Ouvert.	+ Haut	+ Bas	Vol. titres
SIMCO	105.70(c)	+10.10%	105.70	105.70	105.70	1 039
ALSTOM	1.45(c)	+8.21%	1.35	1.53	1.34	61 513 257
AVENIR TELECOM	1.30(c)	+6.56%	1.25	1.32	1.25	4 921 651
GEMPLUS INTERN	1.85(c)	+3.35%	1.85	1.86	1.79	5 548 793

REQUÊTES SUR LE WEB

- Cliquez sur «Options» dans le coin supérieur droit de la fenêtre

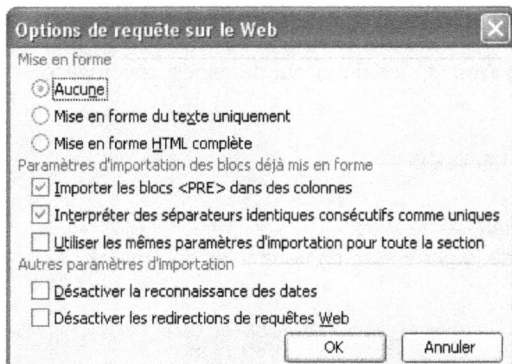

Options de requête sur le Web

Mise en forme
- ⦿ Aucune
- ○ Mise en forme du texte uniquement
- ○ Mise en forme HTML complète

Paramètres d'importation des blocs déjà mis en forme
- ☑ Importer les blocs <PRE> dans des colonnes
- ☑ Interpréter des séparateurs identiques consécutifs comme uniques
- ☐ Utiliser les mêmes paramètres d'importation pour toute la section

Autres paramètres d'importation
- ☐ Désactiver la reconnaissance des dates
- ☐ Désactiver les redirections de requêtes Web

[OK]   [Annuler]

- Faîtes vos choix
- Cliquez sur «OK»
- Cliquez sur «Importer»

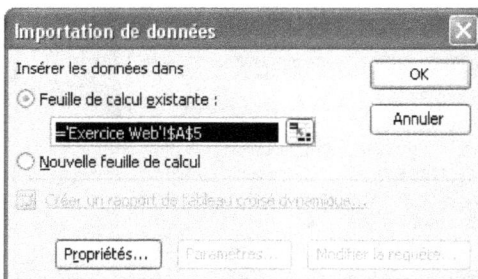

Importation de données

Insérer les données dans
- ⦿ Feuille de calcul existante :
  ='Exercice Web'!$A$5
- ○ Nouvelle feuille de calcul

☐ Créer un rapport de tableau croisé dynamique...

[Propriétés...]   [Paramètres...]   [Modifier la requête...]

[OK]   [Annuler]

- Indiquez la cellule à partir de laquelle insérer les données importées
- Cliquez sur «OK»

Vous obtiendrez un résultat ressemblant à l'exemple ci-dessous :

	A	B	C	D	E	F	G		
5	Cours croisés au comptant								
6									
7	Devises	FRF	EURO	USD	JPY (100)	DEM	GBP	CHF	ESP (100)	ITL (100)
8	France (FRF)		6.55957	5.2972	4.7447	3.35385	9.294	4.2669	3.94238	0.338774
9	EURO (EUR)	0.15245		0.8076	0.7524	0.51129	1.4229	0.6434	0.601012	0.0516457
10	E.U. (USD)	0.1231	1.2383		0.9317	0.6330	1.7618	0.7966	0.7442	0.0640
11	Japon (JPY)	21.076	132.91	107.33		70.460	189.11	85.500	83.084	7.1413
12	Allemagne (DEM)	0.29816	1.95583	1.5797	1.4192		2.7745	1.2583	1.17548	0.1010
13	GB (GBP)	0.1076	0.7028	0.5676	0.5288	2.7716		0.4522	0.4242	0.0365
14	Suisse (CHF)	0.2344	1.5543	1.2553	1.1696	0.7947	2.2116		0.9237	0.0794
15	Espagne (ESP)	25.3654	166.386	134.37	120.36	85.0718	235.75	108.27		8.59312
16	Italie (ITL)	295.182	1936.27	1563.7	14.003	989.999	2743.0	1259.7	1163.72	
17	Ex: 1 EUR = 1.2383 USD									

REQUÊTES SUR LE WEB

2 - METTRE À JOUR LES DONNÉES IMPORTÉES

Mise à jour manuelle

- Placez le curseur dans les données importées

Cliquez sur ce bouton dans la barre d'outils *Données externes*, ou *Données/Actualiser les données*.

Les données sont à nouveau importées dans la feuille de calcul.

Mise à jour automatique

- Placez le curseur dans les données importées

Cliquez sur ce bouton dans la barre d'outils, ou *Données/Données externes/ Propriétés de la plage de données*.

Contrôle de l'actualisation
- ☑ Activer l'actualisation en arrière-plan
- ☑ Actualiser toutes les   60   minutes
- ☑ Actualiser à l'ouverture du fichier
- ☐ Supprimer les données externes de la feuille avant enregistrement

- Indiquez quand la réactualisation des données doit se faire
- Cliquez sur «OK»

3 - ENREGISTRER UNE REQUÊTE

Lors de la définition de la requête, avant de cliquer sur le bouton «Importer» :

Cliquez sur ce bouton dans la barre d'outils, en haut de la fenêtre.

- <Nom de fichier> : tapez un nom pour la requête
- Cliquez sur «Enregistrer»

4 - RÉEXÉCUTER UNE REQUÊTE ENREGISTRÉE

- Affichez une nouvelle feuille de calcul
- *Données/Données externes/Importer des données*

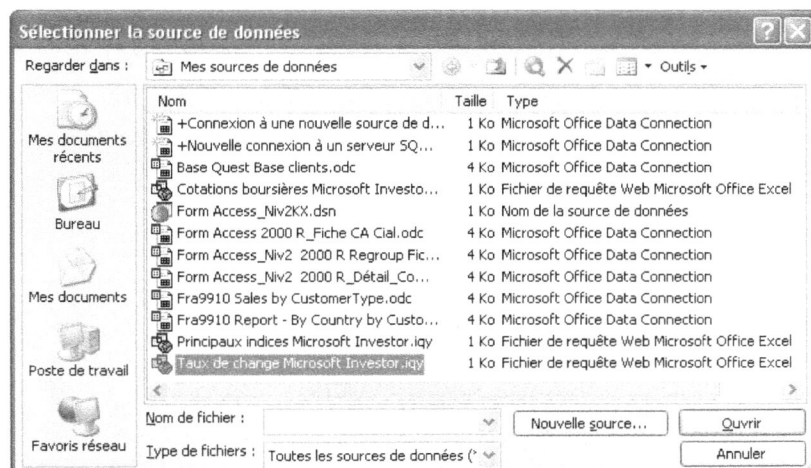

REQUÊTES SUR LE WEB

- Sélectionnez le nom de la requête (extension *iqy*)
- Cliquez sur «Ouvrir»

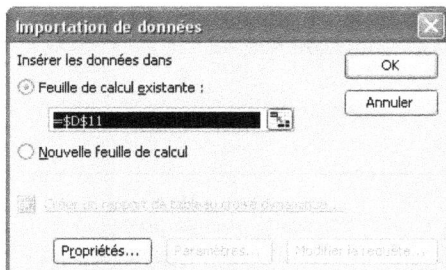

- Indiquez où les données importées devront être insérées
- Cliquez sur «OK»

PARTIE 2
CAS PRATIQUES : RÉALISATION D'APPLICATIONS

CAS 1 : FONCTIONS DE DATES

Les données

	A	B	C	D	E
1	Liste des factures impayées				
2					
3					
4	Etat au :				
5					
6	Date de facturation	Client	Montant TTC	Echéance (30 jours fin de mois)	Retard
7	02/04/2003	Totem Sarl	5475,32		
8	08/05/2003	P. Martin	24862,78		
9	12/06/2003	Sovéco	1658,89		
10	17/06/2003	Totem Sarl	13356,54		
11	21/07/2003	J.Durand	8596,74		
12	23/08/2003	Iveco	3695,48		
13	02/08/2003	Marval conseil	18754,11		
14					

Les calculs

	A	B	C	D	E
1	Liste des factures impayées				
2					
3					
4	Etat au :	06/09/2003			
5					
6	Date de facturation	Client	Montant TTC	Echéance (30 jours fin de mois)	Retard
7	02/04/2003	Totem Sarl	5475,32	=DATE(ANNEE(A7);MOIS(A7)+2;1)-1	=$B$4-D7
8	08/05/2003	P. Martin	24862,78	=DATE(ANNEE(A8);MOIS(A8)+2;1)-1	=$B$4-D8
9	12/06/2003	Sovéco	1658,89	=DATE(ANNEE(A9);MOIS(A9)+2;1)-1	=$B$4-D9
10	17/06/2003	Totem Sarl	13356,54	=DATE(ANNEE(A10);MOIS(A10)+2;1)-1	=$B$4-D10
11	21/07/2003	J.Durand	8596,74	=DATE(ANNEE(A11);MOIS(A11)+2;1)-1	=$B$4-D11
12	23/08/2003	Iveco	3695,48	=DATE(ANNEE(A12);MOIS(A12)+2;1)-1	=$B$4-D12
13	02/08/2003	Marval conseil	18754,11	=DATE(ANNEE(A13);MOIS(A13)+2;1)-1	=$B$4-D13
14					

Le résultat

Liste des factures impayées

Etat au : 06/10/2003

Date de facturation	Client	Montant TTC	Echéance (30 jours fin de mois)	Retard
02/04/2003	Totem Sarl	5 475,32 €	31/05/2003	128 jours
08/05/2003	P. Martin	24 862,78 €	30/06/2003	98 jours
12/06/2003	Sovéco	1 658,89 €	31/07/2003	67 jours
17/06/2003	Totem Sarl	13 356,54 €	31/07/2003	67 jours
21/07/2003	J.Durand	8 596,74 €	31/08/2003	36 jours
23/08/2003	Iveco	3 695,48 €	30/09/2003	6 jours
02/08/2003	Marval conseil	18 754,11 €	30/09/2003	6 jours

Fonctions utilisées

– *Fonctions de dates*
– *Format des nombres personnalisé*
– *Alignement vertical dans les cellules*

– *Mise en forme automatique*
– *Hauteur des lignes*

10 mn

Ce tableau présente la liste des factures impayées d'une malheureuse entreprise, et il s'agit d'effectuer divers calculs sur des dates. On souhaite, pour chaque facture, calculer son échéance (trente jours fin de mois) et le retard du règlement. Comme les calculs se basent sur la date à laquelle est réalisé cet exercice, il est normal que vous ne trouviez pas les mêmes résultats que sur l'illustration de la page précédente.

❶ OUVRIR LE CLASSEUR

Les données correspondant à ce tableau ont déjà été saisies dans le classeur *Exercices Excel 2003 B.xls*, présent dans le dossier *C:\Exercices Excel 2003*. Récupérons-le.

Cliquez sur ce bouton dans la barre d'outils *Standard*, ou *Fichier/Ouvrir*, ou appuyez sur ⌷Ctrl⌷-**O**.

Dans la partie gauche du dialogue qui s'affiche, cliquez sur ce bouton.

Poste de travail

- Double-clic sur l'unité de disque *C:*, puis sur le dossier *Exercices Excel 2003*
- Sélectionnez le fichier *Exercices Excel 2003 B.xls*
- Cliquez sur «Ouvrir»
- Cliquez sur l'onglet *Dates*

❷ INSÉRER LA FONCTION AUJOURD'HUI()

Le rôle de cette fonction est d'afficher la date du jour.

- Placez le curseur en B4

fx Cliquez sur ce bouton dans la barre de formule, ou *Insertion/Fonction*.

- Sélectionnez *Date & Heure* en (a)

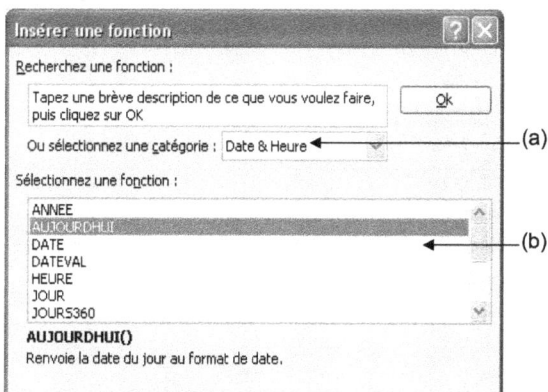

- Sélectionnez *AUJOURDHUI* en (b)
- Cliquez sur «OK» deux fois

❸ EFFECTUER LES CALCULS

Calculons l'échéance

L'échéance (trente jours fin de mois) correspond au dernier jour du mois suivant. Pour calculer cette date, le principe consiste à calculer avec la fonction *DATE()* la date du premier jour du mois, deux mois plus tard, puis à lui retrancher 1.

• Sélectionnez la cellule D7

📊 Cliquez sur ce bouton dans la barre de formule, ou *Insertion/Fonction*.

• Sélectionnez *Date & Heure* en (a)

• Sélectionnez *DATE* en (b)
• Cliquez sur «OK»

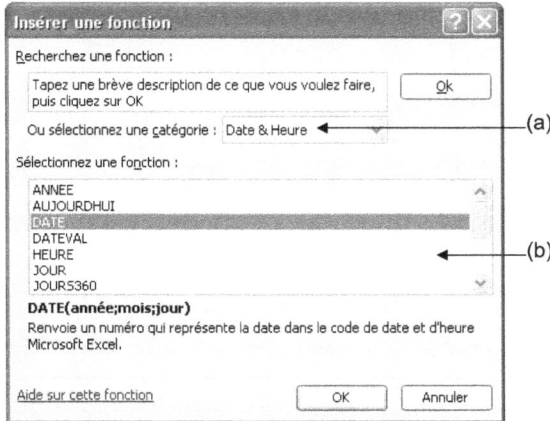

• Tapez *ANNEE(A7)* en (a)
• Tapez *MOIS(A7)+2* en (b)
• Tapez *1* en (c)

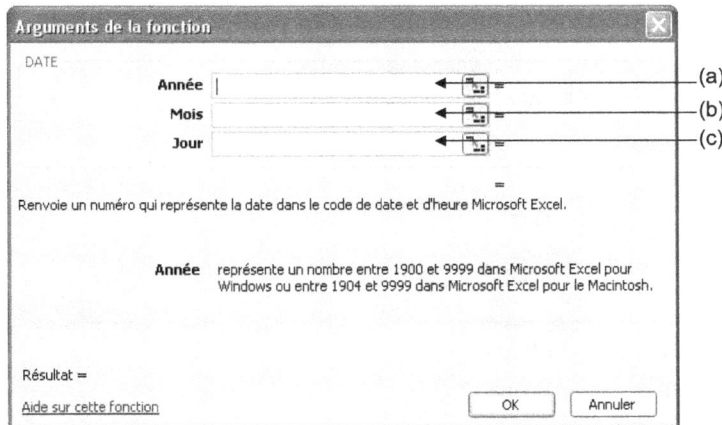

• Cliquez sur «OK»

- Cliquez dans la barre de formule
- Appuyez sur [Fin] pour placer le curseur à la fin de la formule
- Tapez *-1*
- Appuyez sur [↵] pour valider la formule

Recopions cette formule

- Sélectionnez la cellule D7
- Cliquez et faîtes glisser la poignée de recopie pour étendre la sélection à la zone de recopie, la plage D7:D13

	A	B	C	D	E
1	Liste des factures impayées				
2					
3					
4	Etat au :	06/09/2003			
5					
6	Date de facturation	Client	Montant TTC	Echéance (30 jours fin de mois)	Retard
7	02/04/2003	Totem Sarl	5475,32	31/05/2003	
8	08/05/2003	P. Martin	24862,78		
9	12/06/2003	Sovéco	1658,89		
10	17/06/2003	Totem Sarl	13356,54		
11	21/07/2003	J.Durand	8596,74		
12	23/08/2003	Iveco	3695,48		
13	02/08/2003	Marval conseil	18754,11		
14					

Calculons le retard

Il s'agit de la différence entre la date du jour et l'échéance.

- Placez le curseur en E7
- Tapez = pour indiquer à Excel que vous souhaitez créer une formule
- Cliquez en B4
- Appuyez sur [F4] pour transformer cette référence relative en référence absolue : la référence B4 devient alors $B$4, ce qui signifie que si cette formule est recopiées ailleurs, cette référence ne s'adaptera pas et fera toujours référence à la cellule B4
- Tapez -
- Cliquez en D7 et appuyez sur [↵] pour valider la formule

Il est normal que ce soit provisoirement une date qui s'affiche.

Recopions cette formule

- Sélectionnez la cellule E7
- Cliquez et faîtes glisser la poignée de recopie pour étendre la sélection à la zone de recopie : la plage E7:E13

Il est normal de voir apparaître des dates dans la colonne E.

---

❹ METTRE EN FORME LE TABLEAU

- Sélectionnez le tableau : la plage A6:E13
- *Format/Mise en forme automatique*
- Sélectionnez le format *Classique 1*
- Cliquez sur «Options»
- Décochez ☒*Largeur/Hauteur* pour que la largeur des colonnes ne soit pas modifiée
- Cliquez sur «OK»

Mettons le titre en forme

- Sélectionnez la plage A1:E1

Cliquez sur ce bouton dans la barre d'outils *Mise en forme* pour centrer le titre dans la sélection.

- Appuyez sur ⌈Ctrl⌉-**G** pour activer le gras
- Avec la barre d'outils *Mise en forme*, activez la taille *12*

Centrons les libellés dans la hauteur
- Sélectionnez la plage A6:E6
- *Format/Cellule*, puis cliquez sur l'onglet *Alignement*

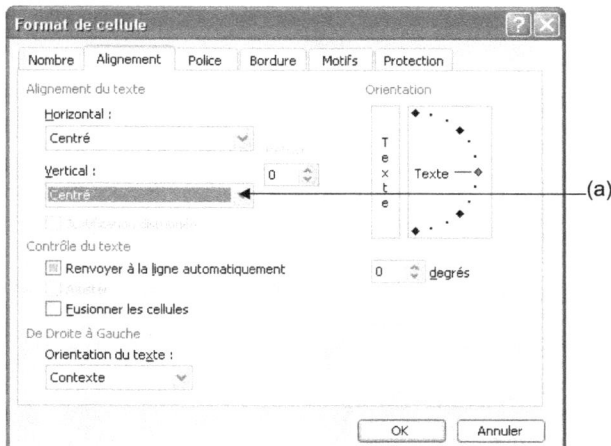

- Sélectionnez *Centré* en (a)
- Cliquez sur «OK»

Créons le format personnalisé pour le retard
- Sélectionnez la plage E7:E13
- *Format/Cellule*, puis cliquez sur l'onglet *Nombre*

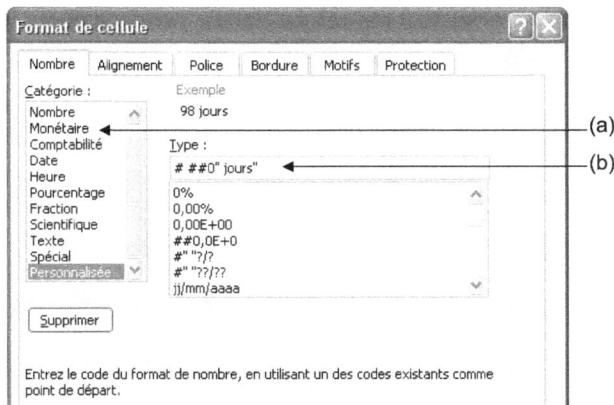

- Sélectionnez *Personnalisée* en (a)
- Tapez *# ##0" jours"* en (b)
- Cliquez sur «OK»

Centrons le contenu des colonnes B et D
- Sélectionnez les plages B7:B13 et D7:D13 (maintenez appuyée la touche ⌈Ctrl⌉ pour sélectionner des plages disjointes)

Cliquez sur ce bouton dans la barre d'outils *Mise en forme* pour activer le centrage.

Formatons les montants

- Sélectionnez la plage C7:C13

€ Cliquez sur ce bouton dans la barre d'outils *Mise en forme* pour activer le format Euro.

Aérons le tableau

Les lignes du tableau paraissent un peu trop tassées. Nous allons donc augmenter leur hauteur et centrer verticalement leur contenu.

- Sélectionnez la plage A7:E13
- *Format/Ligne/Hauteur*

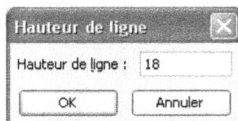

- Tapez *18*
- Cliquez sur «OK»
- *Format/Cellules*, puis cliquez sur l'onglet *Alignement*

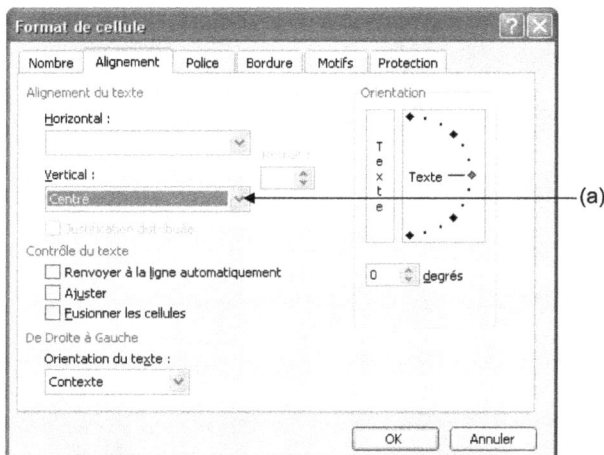

- Sélectionnez *Centré* en (a)
- Cliquez sur «OK»

---

❺ POUR TERMINER

- Effectuez la mise en page

Cliquez sur ce bouton dans la barre d'outils *Standard* pour imprimer la feuille.

Cliquez sur ce bouton dans la barre d'outils *Standard* pour enregistrer le classeur.

- *Fichier/Fermer*

CAS 2 : FONCTIONS STATISTIQUES

ÉTUDE DE PRIX

Prix TTC constaté à Paris dans 30 points de vente pour les logiciel Excel et Access.

Référence du point de vente	Excel	Access
Paris PV1	444,39 €	154,74 €
Paris PV2	446,37 €	146,35 €
Paris PV3	446,68 €	147,88 €
Paris PV4	448,20 €	139,49 €
Paris PV5	449,72 €	160,07 €
Paris PV6	454,30 €	164,64 €
Paris PV7	457,19 €	167,54 €
Paris PV8	440,58 €	150,92 €
Paris PV9	442,10 €	152,45 €
Paris PV10	443,63 €	153,97 €
Paris PV11	445,15 €	146,35 €
Paris PV12	446,68 €	147,88 €
Paris PV13	441,95 €	139,49 €
Paris PV14	449,72 €	144,83 €
Paris PV15	451,25 €	158,55 €
Paris PV16	452,77 €	160,07 €
Paris PV17	444,39 €	139,49 €
Paris PV18	446,37 €	141,47 €
Paris PV19	446,68 €	141,78 €
Paris PV20	448,20 €	157,02 €
Paris PV21	434,48 €	158,55 €
Paris PV22	448,35 €	160,07 €
Paris PV23	450,33 €	164,64 €
Paris PV24	452,32 €	167,54 €
Paris PV25	454,30 €	150,92 €
Paris PV26	438,29 €	158,55 €
Paris PV27	444,39 €	160,07 €
Paris PV28	446,37 €	141,47 €
Paris PV29	446,68 €	141,78 €
Paris PV30	448,20 €	143,30 €

Calculs statistiques :

Prix maximal constaté pour Excel	457,19 €
Prix minimal constaté pour Excel	434,48 €
Prix moyen pour Excel	447,00 €
Prix moyen pour Access	152,06 €
Ecart type du prix pour Excel	4,85 €

Il s'agit, à partir des données fournies (une liste de prix constatés pour deux produits dans une trentaine d'établissements différents), d'utiliser certaines fonctions d'Excel pour effectuer divers calculs statistiques.

❶ OUVRIR LE CLASSEUR

Les données correspondant à ce tableau ont déjà été saisies dans le classeur *Exercices Excel 2003 B.xls*, présent dans le dossier *C:\Exercices Excel 2003*.

Récupérons-le :

Cliquez sur ce bouton dans la barre d'outils *Standard*, ou *Fichier/Ouvrir*, ou appuyez sur [Ctrl]-**O**.

Dans la partie gauche du dialogue qui s'affiche, cliquez sur ce bouton.

Poste de travail

• Double-clic sur l'unité de disque *C:*, puis sur le dossier *Exercices Excel 2003*
• Sélectionnez le fichier *Exercices Excel 2003 B.xls*
• Cliquez sur «Ouvrir»
• Cliquez sur l'onglet *Statistiques*

❷ NOMMER LES CELLULES

Demandons à Excel de nommer automatiquement les colonnes de notre tableau en utilisant ses libellés.

• Sélectionnez la plage A6:C36
• *Insertion/Nom/Créer*

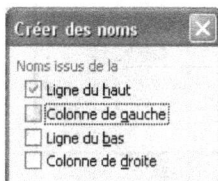

Créer des noms ☒

Noms issus de la
☑ Ligne du haut
☐ Colonne de gauche
☐ Ligne du bas
☐ Colonne de droite

• Cochez la première case
• Décochez les autres cases
• Cliquez sur «OK»

La deuxième colonne est maintenant repérée sous le nom *Excel* et la troisième sous le nom *Access*.

❸ UTILISER LES FONCTIONS STATISTIQUES

Calculons le prix maximal pour Excel
• Placez le curseur en B41

f_x Cliquez sur ce bouton dans la barre de formule, ou *Insertion/Fonction*.

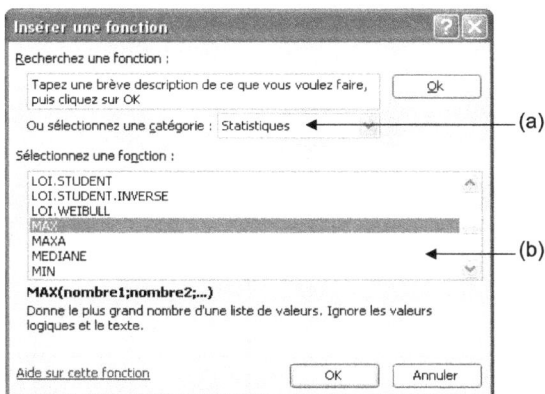

- Sélectionnez *Statistiques* en (a)
- Sélectionnez *MAX* en (b)
- Cliquez sur «OK»

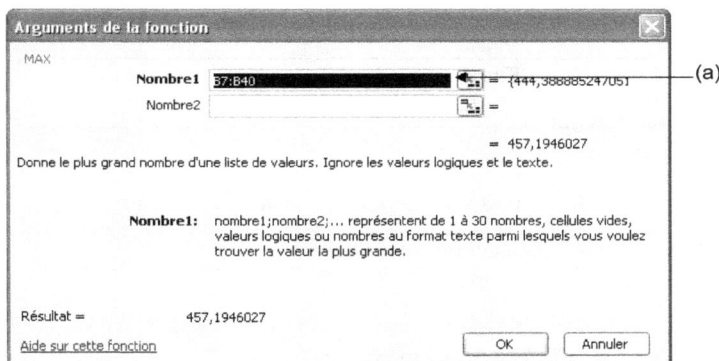

- Tapez *Excel* en (a) car c'est ainsi qu'a été nommé le contenu de la colonne concernant Excel
- Cliquez sur «OK»

On constate que le prix maximal pour Excel est de 457,19 €.

Calculons le prix minimal pour Excel
- Placez le curseur en B42

 Cliquez sur ce bouton dans la barre de formule, ou *Insertion/Fonction*.

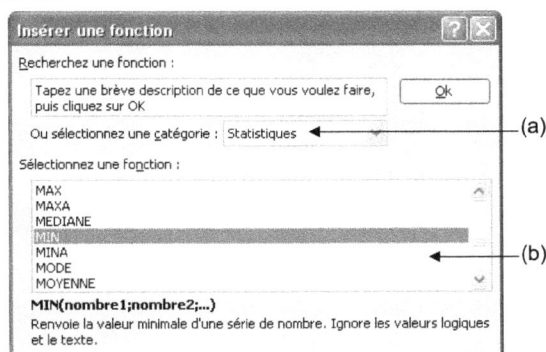

- Sélectionnez *Statistiques* en (a)
- Sélectionnez *MIN* en (b)
- Cliquez sur «OK»

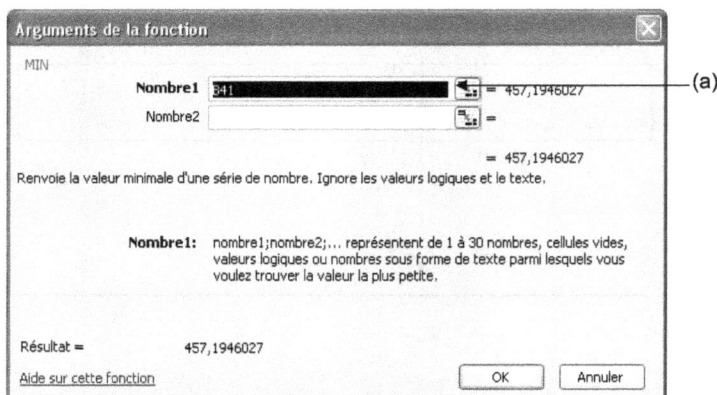

- Tapez *Excel* en (a)
- Cliquez sur «OK»

On constate que le prix minimal pour Excel est de 434,48 €.

Calculons le prix moyen d'Excel
- Placez le curseur en B43

 Cliquez sur ce bouton dans la barre de formule, ou *Insertion/Fonction*.

- <Sélectionnez une catégorie> : sélectionnez *Statistiques*
- <Sélectionnez une fonction> : sélectionnez *MOYENNE*
- Cliquez sur «OK»

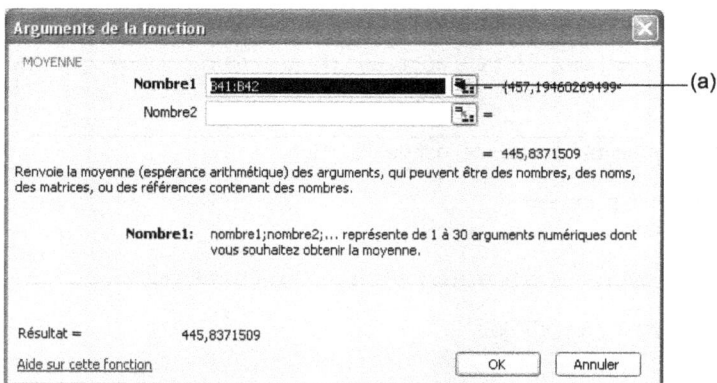

- Tapez *Excel* en (a)
- Cliquez sur «OK»

On constate que le prix moyen pour Excel est de 447 €.

Calculons le prix moyen d'Access
- Placez le curseur en B44

 Cliquez sur ce bouton dans la barre de formule, ou *Insertion/Fonction*.

- <Sélectionnez une catégorie> : sélectionnez *Statistiques*

- <Sélectionnez une fonction> : sélectionnez *MOYENNE*
- Cliquez sur «OK»

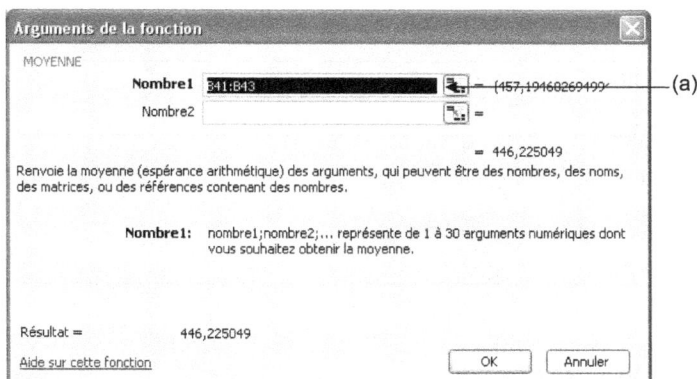

- Tapez *Access* en (a) car c'est le nom de la colonne concernant les prix d'Access
- Cliquez sur «OK»

On constate que le prix moyen pour Access est de 152,06 €.

Calculons l'écart type du prix d'Excel
- Placez le curseur en B45

f_x Cliquez sur ce bouton dans la barre de formule, ou *Insertion/Fonction*.

- <Sélectionnez une catégorie> : sélectionnez *Statistiques*
- <Sélectionnez une fonction> : sélectionnez *ECARTYPE*
- Cliquez sur «OK»

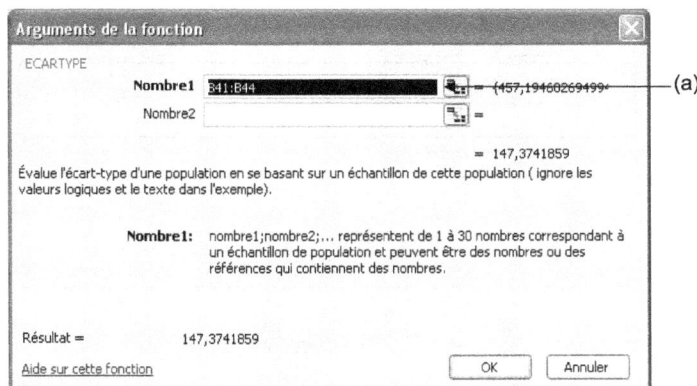

- Tapez *Excel* en (a)
- Cliquez sur «OK»

On constate que l'écart type du prix pour Excel est de 4,85 €.

---

❹ METTRE EN FORME LE TABLEAU DES RÉSULTATS STATISTIQUES

Appliquons le format monétaire à certains résultats
- Sélectionnez la plage B41:B45

€   Cliquez sur ce bouton dans la barre d'outils *Mise en forme* pour activer le format Euro.

Encadrons la zone des résultats
- Sélectionnez la plage A41:B45

[▦ ▼]   Cliquez sur la flèche associée à ce bouton dans la barre d'outils *Mise en forme*.

[⊞]   Dans la liste qui s'affiche, cliquez sur ce bouton.

Appliquons un motif grisé au fond de certaines cellules
- *Format/Cellule*, puis cliquez sur l'onglet *Motifs*

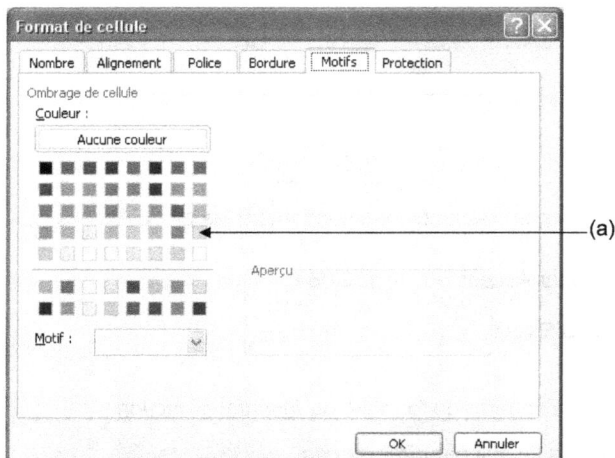

- Sélectionnez en (a) la couleur gris clair
- Cliquez sur «OK»

On obtient :

Prix maximal constaté pour Excel	457,19 €
Prix minimal constaté pour Excel	434,48 €
Prix moyen pour Excel	447,00 €
Prix moyen pour Access	152,06 €
Ecart type du prix pour Excel	4,85 €

---

❺ POUR TERMINER
- Effectuez la mise en page

[🖶]   Cliquez sur ce bouton dans la barre d'outils *Standard* pour imprimer la feuille.

[💾]   Cliquez sur ce bouton dans la barre d'outils *Standard* pour enregistrer le classeur.

- *Fichier/Fermer*

CAS 3 : FONCTIONS FINANCIÈRES

Les formules

	A	B	C	D	E	F
1	**Placement**			**Emprunt**		
2						
3	Dépôt initial	10 000 €		Montant du crédit	12 000 €	
4	Paiement mensuel	1 000 €		Taux d'intérêt annuel	9%	
5	Taux d'intérêt annuel	8%		Durée (en mois)	24	
6	Durée (en mois)	24				
7						
8	Montants payés	=B4*B6+B3		Montants payés	=E10*E5	
9	Intérêts composés	=B10-B8		Intérêts composés	=E8-E3	
10	Capital actualisé	=-VC(B5/12;B6;B4;B3)		Paiement mensuel	=-VPM(E4/12;E5;E3)	
11						
12						
13	**Rentabilité d'un investissement**					
14						
15	Prix d'achat	75 000 €				
16	Prix de vente	100 000 €				
17	Durée en années	6				
18	Rapport annuel	4 800 €				
19						
20	Rentabilité	=TAUX(B17;B18;-B15;B16)				
21						

Le résultat

Placement

		Emprunt	
Dépôt initial	10 000 €	Montant du crédit	12 000 €
Paiement mensuel	1 000 €	Taux d'intérêt annuel	9%
Taux d'intérêt annuel	8%	Durée (en mois)	24
Durée (en mois)	24		
Montants payés	34 000 €	Montants payés	13 157 €
Intérêts composés	3 662 €	Intérêts composés	1 157 €
Capital actualisé	37 662 €	Paiement mensuel	548 €

Rentabilité d'un investissement

Prix d'achat	75 000 €
Prix de vente	100 000 €
Durée en années	6
Rapport annuel	4 800 €
Rentabilité	11%

Il s'agit d'utiliser les fonctions d'Excel pour réaliser trois types de calculs financiers : placement, emprunt et rentabilité d'un investissement.

❶ OUVRIR LE CLASSEUR

Les données correspondant à ce tableau ont déjà été saisies dans le classeur *Exercices Excel 2003 B.xls*, présent dans le dossier *C:\Exercices Excel 2003*. Récupérons-le :

Cliquez sur ce bouton dans la barre d'outils *Standard*, ou *Fichier/Ouvrir*, ou appuyez sur ⌈Ctrl⌉-**O**.

Poste de travail

Dans la partie gauche du dialogue qui s'affiche, cliquez sur ce bouton.

- Double-clic sur l'unité de disque *C:*, puis sur le dossier *Exercices Excel 2003*
- Sélectionnez le fichier *Exercices Excel 2003 B.xls*
- Cliquez sur «Ouvrir»
- Cliquez sur l'onglet *Finance*

❷ CALCUL DE PLACEMENT

Question : je place 10 000 €, puis 1 000 € chaque mois. Le taux d'intérêt annuel est de 8%. De combien disposerai-je dans deux ans ?

- Saisissez les données en B3:B6 (la durée doit être exprimée en mois, soit 24)

Calculons le montant du capital à terme. Nous utiliserons pour cela la fonction VC() : valeur capitalisée.

- Placez le curseur en B10
- Tapez =, puis -

Cliquez sur ce bouton dans la barre de formule, ou *Insertion/Fonction*.

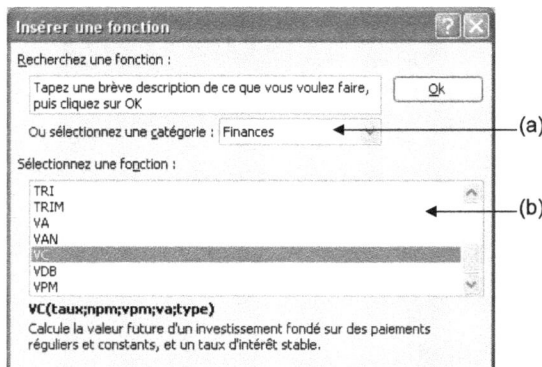

- Sélectionnez *Finances* en (a)
- Sélectionnez *VC* en (b)
- Cliquez sur «OK»

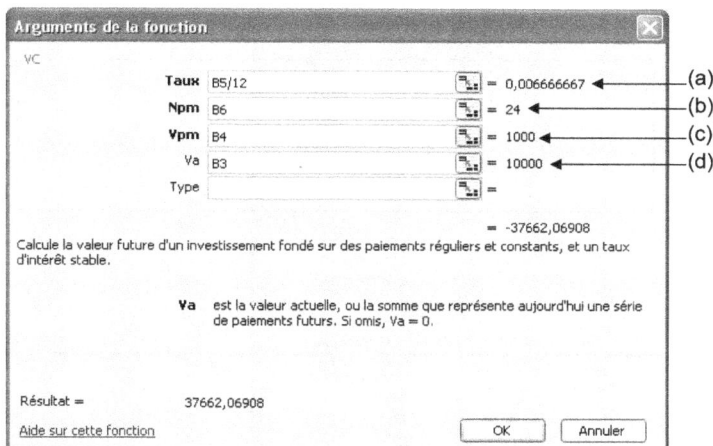

Arguments de la fonction

VC

Taux	B5/12	= 0,006666667 ◄——(a)
Npm	B6	= 24 ◄——(b)
Vpm	B4	= 1000 ◄——(c)
Va	B3	= 10000 ◄——(d)
Type		=

= -37662,06908

Calcule la valeur future d'un investissement fondé sur des paiements réguliers et constants, et un taux d'intérêt stable.

Va est la valeur actuelle, ou la somme que représente aujourd'hui une série de paiements futurs. Si omis, Va = 0.

Résultat = 37662,06908

Aide sur cette fonction   OK   Annuler

- Tapez *B5* en (a) (la référence de la cellule contenant le taux d'intérêt), puis tapez */12* pour mettre ce taux en mensuel
- Tapez *B6* en (b) (la référence de la cellule contenant la durée)
- Tapez *B4* en (c) (la référence de la cellule contenant le montant du dépôt mensuel)
- Tapez *B3* en (d) (la référence de la cellule contenant le montant du dépôt initial)
- Cliquez sur «OK»

On constate que l'on disposera à terme de 37 662,07 €.

Puis, créez les formules en B8 (= paiement mensuel multiplié par la durée + montant initial) et B9 (= différence entre capital actualisé et les montants payés).

---

❸ CALCUL D'EMPRUNT

Question : j'emprunte 12 000 € au taux de 9%, prêt remboursable mensuellement et sur deux ans. Quel sera le montant de mes remboursements mensuels ?

- Saisissez les données en E3:E5

Calculons le montant du remboursement mensuel. Nous utiliserons pour cela la fonction VPM() : valeur des paiements.

- Placez le curseur en E10
- Tapez =, puis -

 Cliquez sur ce bouton dans la barre de formule, ou *Insertion/Fonction*.

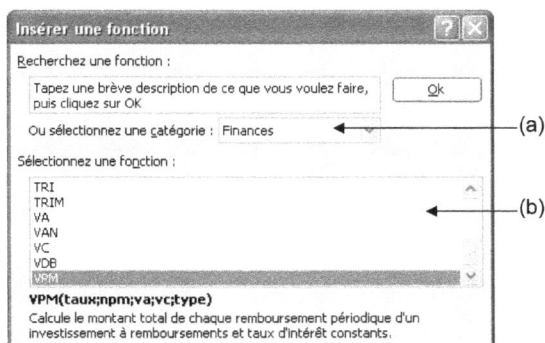

Insérer une fonction

Recherchez une fonction :

Tapez une brève description de ce que vous voulez faire, puis cliquez sur OK   Ok

Ou sélectionnez une catégorie : Finances ◄——(a)

Sélectionnez une fonction :

TRI
TRIM
VA
VAN
VC
VDB
VPM   ◄——(b)

VPM(taux;npm;va;vc;type)
Calcule le montant total de chaque remboursement périodique d'un investissement à remboursements et taux d'intérêt constants.

- Sélectionnez *Finances* en (a)
- Sélectionnez *VPM* en (b)

- Cliquez sur «OK»

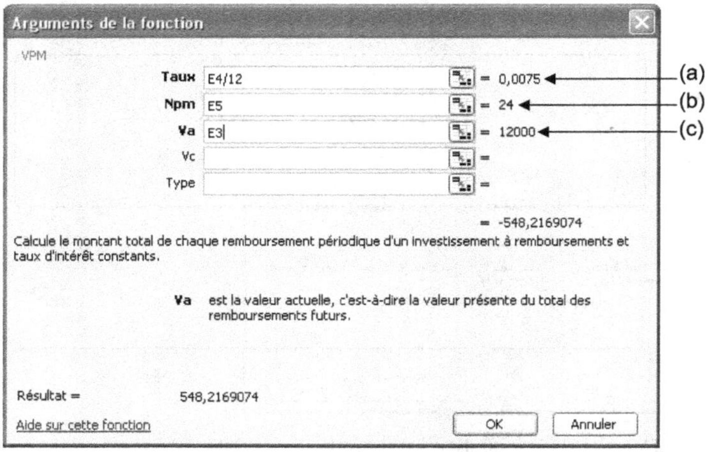

- Tapez *E4* en (a) (la référence de la cellule contenant le taux d'intérêt), puis tapez */12* pour mettre le taux en mensuel
- Tapez *E5* en (b) (la référence de la cellule contenant la durée)
- Tapez *E3* en (c) (la référence de la cellule contenant le montant de l'emprunt)
- Cliquez sur «OK»

On constate que le montant du remboursement mensuel sera de 548,22 €.

Puis, créez les formules E8 (= le paiement mensuel multiplié par le nombre de mois), et en E9 (=la différence entre les montants payés et le montant emprunté).

---

❹ CALCUL DE RENTABILITÉ

Question : j'ai acheté un logement 75 000 € et l'ai revendu 100 000 € au bout de six ans. Pendant cette période je l'ai loué et il m'a rapporté 4 800 € net par an. Quelle est la rentabilité de cet investissement ?

- Saisissez les données en B15:B18
- Placez le curseur en B20

Cliquez sur ce bouton dans la barre de formule, ou *Insertion/Fonction*.

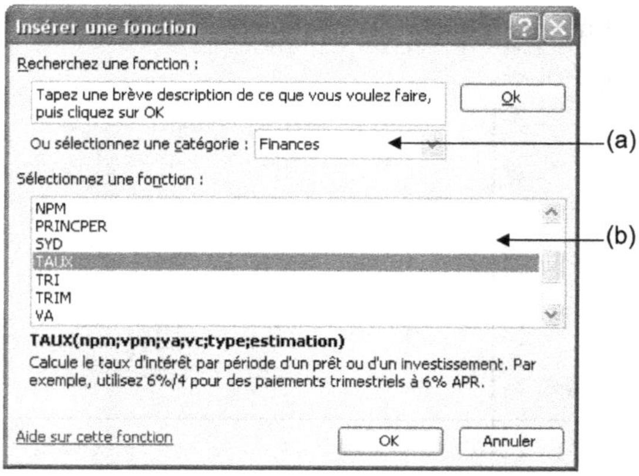

- Sélectionnez *Finances* en (a) et *TAUX* en (b)
- Cliquez sur «OK»

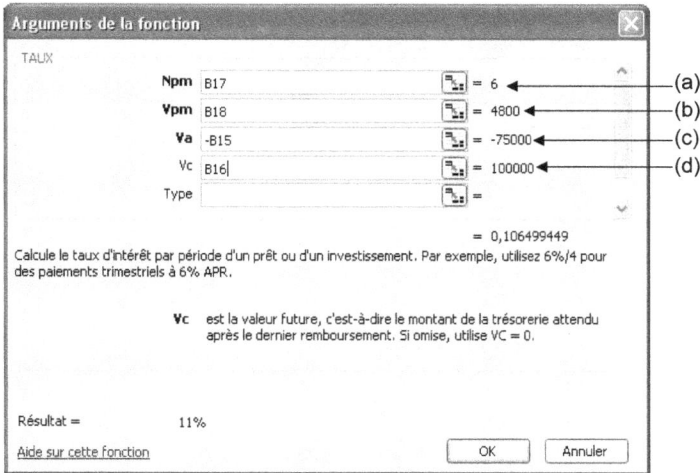

- Tapez *B17* en (a) (la référence de la cellule contenant la durée)
- Tapez *B18* en (b) (la référence de la cellule contenant le rapport annuel de l'investissement)
- Tapez *-B15* en (c) (la référence de la cellule contenant le prix d'achat)
- Tapez *B16* en (d) (la référence de la cellule contenant le prix de vente)
- Cliquez sur «OK»

On constate que la rentabilité de cette opération est de 11%.

➎ APPLIQUER LE FORMAT MONÉTAIRE

- Sélectionnez les plages suivantes (maintenez appuyée la touche Ctrl pour sélectionner des plages disjointes) :

– B3:B4	– E3	– B18
– B8:B10	– E8:E10	– B15:B16

	A	B	C	D	E
1	Placement			Emprunt	
2					
3	Dépôt initial	10000		Montant du crédit	12000
4	Paiement mensuel	1000		Taux d'intérêt annuel	9%
5	Taux d'intérêt annuel	8%		Durée (en mois)	24
6	Durée (en mois)	24			
7					
8	Montants payés	34000		Montants payés	13 157,21 €
9	Intérêts composés	3 662,07 €		Intérêts composés	1 157,21 €
10	Capital actualisé	37 662,07 €		Paiement mensuel	548,22 €
11					
12					
13	Rentabilité d'un investissement				
14					
15	Prix d'achat	75000			
16	Prix de vente	100000			
17	Durée en années	6			
18	Rapport annuel	4800			
19					
20	Rentabilité	11%			
21					

- *Format/Cellule*
- Cliquez sur l'onglet *Nombre*

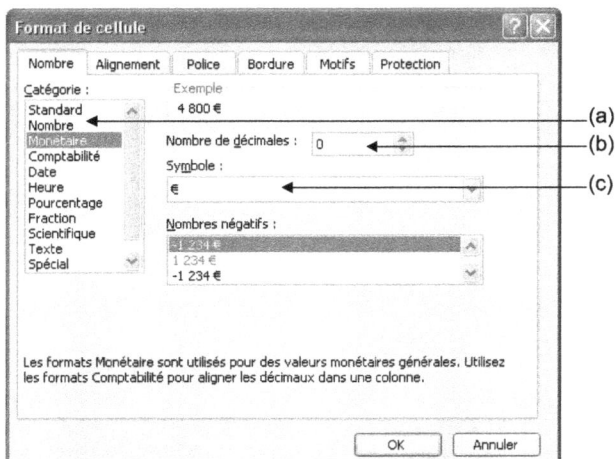

- Sélectionnez *Monétaire* en (a)
- Tapez *0* en (b)
- Sélectionnez le symbole € en (c)
- Cliquez sur «OK»

---

❻ POUR TERMINER

- Effectuez la mise en page

 Cliquez sur ce bouton dans la barre d'outils *Standard* pour imprimer la feuille.

 Cliquez sur ce bouton dans la barre d'outils *Standard* pour enregistrer le classeur.

- *Fichier/Fermer*

CAS 4 : FONCTIONS CONDITIONNELLES

Les formules

	A	B	C	D	E	F
1				Calcul des commissions		
2						
3	Période :	Septembre 2003				
4	Secteur :	Paris Nord				
5	Objectif :	235 200 €				
6						
7	*Vendeurs*	*Objectif*	*Réalisé*	*Com*	*Bonus*	*Total*
8	Pierre	21300	23000	=5%*Réalisé	=SI(Réalisé>Objectif;10%*(Réalisé-Objectif);0)	=Com+Bonus
9	Paul	32000	31200	=5%*Réalisé	=SI(Réalisé>Objectif;10%*(Réalisé-Objectif);0)	=Com+Bonus
10	Lucie	28200	31000	=5%*Réalisé	=SI(Réalisé>Objectif;10%*(Réalisé-Objectif);0)	=Com+Bonus
11	Jean	42600	38000	=5%*Réalisé	=SI(Réalisé>Objectif;10%*(Réalisé-Objectif);0)	=Com+Bonus
12	Patrick	24300	22500	=5%*Réalisé	=SI(Réalisé>Objectif;10%*(Réalisé-Objectif);0)	=Com+Bonus
13	Maryline	39600	37500	=5%*Réalisé	=SI(Réalisé>Objectif;10%*(Réalisé-Objectif);0)	=Com+Bonus
14	Berthe	47200	49000	=5%*Réalisé	=SI(Réalisé>Objectif;10%*(Réalisé-Objectif);0)	=Com+Bonus
15	**Total**	=SOMME(B8:B14)	=SOMME(C8:C14)	=SOMME(D8:D14)	=SOMME(E8:E14)	=SOMME(F8:F14)
16						
17	Remarque :	=SI(C15>B15;"L'objectif global a été atteint.";"L'objectif global n'a pas été atteint.")				
18						
19						

Le résultat

Calcul des commissions

Période :   Septembre 2003
Secteur :   Paris Nord
Objectif :   235 200 €

Vendeurs	Objectif	Réalisé	Com	Bonus	Total
Pierre	21 300 €	23 000 €	1 150 €	170 €	1 320 €
Paul	32 000 €	31 200 €	1 560 €	0 €	1 560 €
Lucie	28 200 €	31 000 €	1 550 €	280 €	1 830 €
Jean	42 600 €	38 000 €	1 900 €	0 €	1 900 €
Patrick	24 300 €	22 500 €	1 125 €	0 €	1 125 €
Maryline	39 600 €	37 500 €	1 875 €	0 €	1 875 €
Berthe	47 200 €	49 000 €	2 450 €	180 €	2 630 €
Total	235 200 €	232 200 €	11 610 €	630 €	12 240 €

Remarque :   L'objectif global n'a pas été atteint.

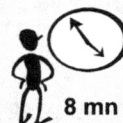

Il s'agit de calculer les commissions dues à une équipe de commerciaux. Dans cet exemple, chaque commercial touche une commission de base (Com) égale à 5% de son chiffre d'affaires (Réalisé), plus une commission supplémentaire (Bonus) s'il a dépassé son objectif. Cette dernière est égale à 10% de la partie de son chiffre qui dépasse les objectifs.

---

❶ OUVRIR LE CLASSEUR

Les données correspondant à ce tableau ont déjà été saisies dans le classeur *Exercices Excel 2003 B.xls*, présent dans le dossier *C:\Exercices Excel 2003*. Récupérons-le :

Cliquez sur ce bouton dans la barre d'outils *Standard*, ou *Fichier/Ouvrir*, ou appuyez sur Ctrl-**O**.

Dans la partie gauche du dialogue qui s'affiche, cliquez sur ce bouton.

Poste de travail

- Double-clic sur l'unité de disque *C:*, puis sur le dossier *Exercices Excel 2003*
- Sélectionnez le fichier *Exercices Excel 2003 B.xls*
- Cliquez sur «Ouvrir»
- Cliquez sur l'onglet *Condition*

---

❷ NOMMER LES CELLULES

Demandons à Excel de nommer certaines plages en utilisant les libellés du tableau.

- Sélectionnez la plage A7:F15
- *Insertion/Nom/Créer*
- Cochez ☒*Ligne du haut* et décochez les autres cases
- Cliquez sur «OK»

---

❸ CALCULER LA COMMISSION DE BASE

Elle est égale à 5% du chiffre d'affaires réalisé (colonne *Réalisé*).

- Placez le curseur en D8
- Tapez *=5%*Réalisé*
- Appuyez sur ⏎ pour valider la formule

Recopions cette formule vers le bas
- Cliquez en D8, puis cliquez et faîtes glisser la poignée de recopie afin d'étendre la sélection à la plage D8:D14

---

❹ CALCULER LE BONUS

Il est égal à 10% de la partie du chiffre qui dépasse l'objectif si, bien entendu, le chiffre d'affaires réalisé vient à dépasser l'objectif. Nous utiliserons la fonction conditionnelle SI().

- Placez le curseur en E8

Cliquez sur ce bouton dans la barre de formule, ou *Insertion/Fonction*.

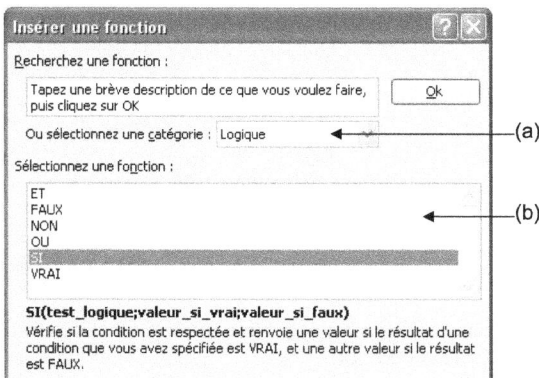

- Sélectionnez *Logique* en (a)
- Sélectionnez *SI* en (b)
- Cliquez sur «OK»

- Tapez *Réalisé>Objectif* en (a)
- Tapez *10%*(Réalisé-Objectif)* en (b)
- Tapez *0* en (c)
- Cliquez sur «OK»

Recopions cette formule vers le bas
- Sélectionnez la cellule E8
- Cliquez et faîtes glisser la poignée de recopie pour étendre la sélection à E8:E14

---

❺ CALCULER LES TOTAUX
- Placez le curseur en B15

Σ Cliquez sur ce bouton dans la barre d'outils *Standard*.

- Appuyez sur ⏎ pour confirmer

Recopions cette formule
- Cliquez en B15, puis cliquez et faîtes glisser la poignée de recopie afin d'étendre la sélection à la plage B15:F15

Calculons le total en ligne
- Placez le curseur en F8
- Tapez =*Com+Bonus*
- Appuyez sur ⏎ pour valider la formule

Recopions la formule
- Cliquez en F8, puis cliquez et faîtes glisser la poignée de recopie afin d'étendre la sélection à la plage F8:F14

---

❻ CRÉER LA REMARQUE

Le but est d'afficher automatiquement sous le tableau une phrase ou une autre selon que l'objectif, tous vendeurs confondus, a été atteint ou non.

- Placez le curseur en B17

fx Cliquez sur ce bouton dans la barre de formule, ou *Insertion/Fonction*.

- <Ou sélectionnez une catégorie> : sélectionnez *Logique*
- <Sélectionnez une fonction> : sélectionnez *SI*
- Cliquez sur «OK»

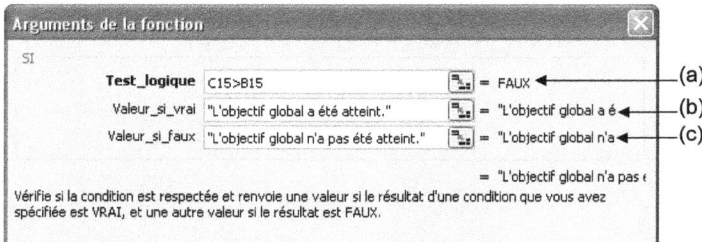

- Tapez *C15>B15* en (a)
- Tapez en (b) : *L'objectif global a été atteint.*
- Tapez en (c) : *L'objectif global n'a pas été atteint.*
- Cliquez sur «OK»

---

❼ APPLIQUER LE FORMAT MONÉTAIRE LÀ OÙ IL MANQUE

- Sélectionnez la plage B8:C14
- *Format/Cellule*, puis cliquez sur l'onglet *Nombre*
- <Catégorie> : sélectionnez *Monétaire*
- <Nombre de décimales> : tapez *0*
- <Symbole> : sélectionnez le symbole €
- Cliquez sur «OK»

---

❽ POUR TERMINER

- Effectuez la mise en page

🖨 Cliquez sur ce bouton dans la barre d'outils *Standard* pour imprimer la feuille.

💾 Cliquez sur ce bouton dans la barre d'outils *Standard* pour enregistrer le classeur.

- *Fichier/Fermer*

CAS 5 : RECHERCHE DANS UNE TABLE

Les formules

	A	B	C	D	E
1		Table de conversion de devises - 1/9/2003			
2					
3		Montant dans la devise :		60	
4		Code de la devise :		USD	
5		Valeur de la devise en euros :		=RECHERCHE(D4;Table)	
6		Montant en euros :		=D3*D5	
7					
8		Code devise	Valeur en euros	Pays	
9		CAD	0,7092 €	Canada	
10		CHF	0,6820 €	Suisse	
11		DKK	0,1344 €	Danemark	
12		EUR	1,0000 €	Zone Euro	
13		GBP	1,6077 €	Angleterre	
14		JPY	0,0091 €	Japon	
15		NRK	0,1258 €	Norvège	
16		USD	1,1340 €	USA	
17					
18					

Le résultat

Table de conversion de devises - 1/9/2003

Montant dans la devise :	5000
Code de la devise :	JPY
Valeur de la devise en euros :	0,0091 €
Montant en euros :	45,7331 €

Code devise	Valeur en euros	Pays
CAD	0,7092 €	Canada
CHF	0,6820 €	Suisse
DKK	0,1344 €	Danemark
EUR	1,0000 €	Zone Euro
GBP	1,6077 €	Angleterre
JPY	0,0091 €	Japon
NRK	0,1258 €	Norvège
USD	1,1340 €	USA

Il s'agit d'utiliser les fonctions d'Excel pour construire un tableau de conversion qui, à l'aide d'une table de référence, convertit un montant en devises dans sa valeur en euros.

Le principe consiste, à partir d'une valeur saisie, à aller en chercher une autre dans une table de référence. Dans cet exemple, on saisira un montant et le code d'une devise. Excel doit alors aller chercher son taux de conversion dans la table de référence, puis afficher le montant converti en euros.

---

❶ OUVRIR LE CLASSEUR

Les données correspondant à ce tableau ont déjà été saisies dans le classeur *Exercices Excel 2003 B.xls*, présent dans le dossier *C:\Exercices Excel 2003*. Récupérons-le :

Cliquez sur ce bouton dans la barre d'outils *Standard*, ou *Fichier/Ouvrir*, ou appuyez sur ⌨Ctrl-**O**.

Dans la partie gauche du dialogue qui s'affiche, cliquez sur ce bouton.

Poste de travail

- Double-clic sur l'unité de disque *C:*, puis sur le dossier *Exercices Excel 2003*
- Sélectionnez le fichier *Exercices Excel 2003 B.xls*
- Cliquez sur «Ouvrir»
- Cliquez sur l'onglet *Table*

---

❷ TRIER LA TABLE

La première colonne de la table contient les codes des devises et la seconde leur valeur en euros. Cette table doit être triée par ordre alphabétique sur le code.

- Sélectionnez la plage B8:D16
- *Données/Trier*

Par défaut, Excel propose de trier les lignes en utilisant comme critère le contenu de la première colonne :

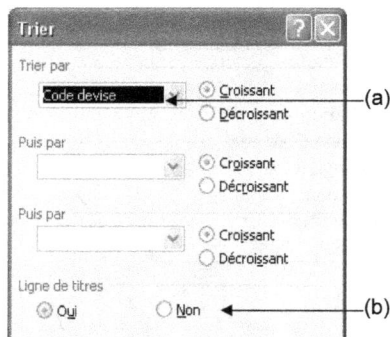

- Sélectionnez *Code devise* en (a)
- Cochez ❍ *Oui* en (b)
- Cliquez sur «OK»

❸ NOMMER LA TABLE

- Sélectionnez la plage B9:C16 (il est important ici que la table n'ait que deux colonnes et de ne pas inclure les libellés dans la sélection)
- *Insertion/Nom/Définir*

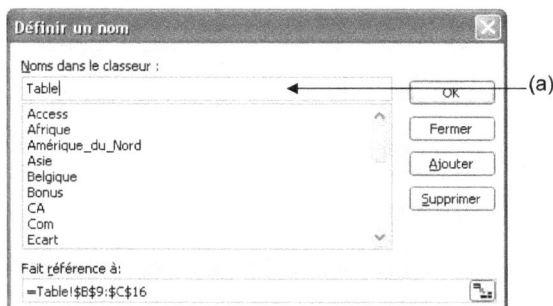

- Tapez *Table* en (a)
- Cliquez sur «OK»

❹ CRÉER LA FORMULE DE RECHERCHE

La fonction Recherche cherche la <valeur cherchée> dans la première colonne de la table, et renvoie la valeur de même rang de la dernière colonne de la Table.

- Tapez les valeurs d'exemple en D3 et D4 : *60* et *USD*
- Placez le curseur en D5

 Cliquez sur ce bouton dans la barre de formule, ou *Insertion/Fonction*.

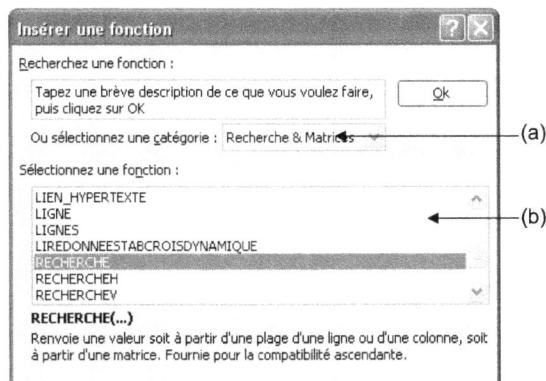

- Sélectionnez *Recherche & Matrices* en (a)
- Sélectionnez *RECHERCHE* en (b)
- Cliquez sur «OK»

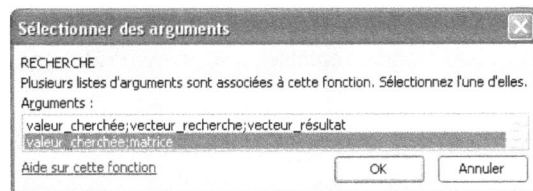

- Sélectionnez *valeur_cherchée;matrice*
- Cliquez sur «OK»

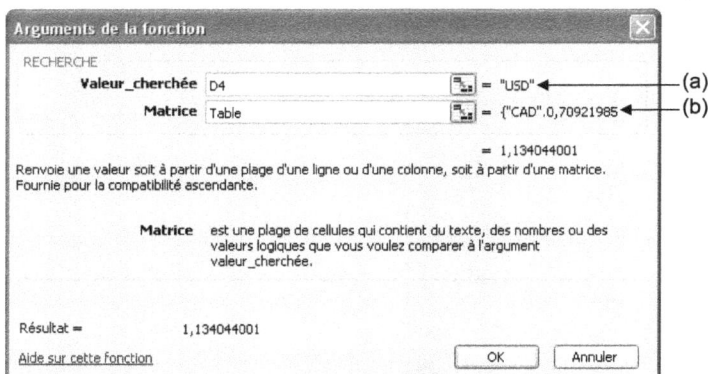

- Tapez D4 en (a) (il s'agit de la référence de la cellule contenant le code de la devise qui va permettre de trouver son taux de conversion dans la table)
- Tapez le nom de la table en (b) : *Table*
- Cliquez sur «OK»

---

❺ CALCULER LE MONTANT EN EUROS

- Placez le curseur en D6
- Tapez = pour créer une formule
- Cliquez en D3
- Tapez * (le signe de la multiplication)
- Cliquez en D5
- Appuyez sur ⏎ pour valider la formule

---

❻ METTRE LE TABLEAU EN FORME

Demandons le format monétaire pour certaines cellules
- Sélectionnez la plage D5:D6

Cliquez sur ce bouton dans la barre d'outils *Mise en forme*.

Cliquez ensuite deux fois sur ce bouton pour obtenir deux décimales de plus.

Alignons à droite le code devise
- Sélectionnez la cellule D4

Cliquez sur ce bouton dans la barre d'outils *Mise en forme*.

---

❼ POUR TERMINER

- Effectuez quelques essais pour tester notre modèle : combien font en euros 25 francs suisses ? Combien font en euros 5 000 yens japonais ?

Cliquez sur ce bouton dans la barre d'outils *Standard* pour enregistrer le classeur.

- *Fichier/Fermer*

CAS 6 : MODE PLAN

Le tableau original (partiel)

	A	B	C	D	E	F	G	H	I	J	K	L
1	Chiffre d'affaires - Année 2002											
2												
3		Janvier	Février	Mars	Trimestre 1	Avril	Mai	Juin	Trimestre 2	Juillet	Août	Septembre
4	Europe											
5	Allemagne	1 568	1 882	2 258	5 708	2 154	2 585	3 102	7 841	3 541	4 249	5 099
6	Autriche	2 546	3 055	3 666	9 267	3 625	4 350	5 220	13 195	6 845	8 214	9 857
7	Danemark	1 587	1 904	2 285	5 777	2 157	2 588	3 106	7 851	4 574	5 489	6 587
8	Espagne	3 256	3 907	4 689	11 852	3 541	4 249	5 099	12 889	6 588	7 906	9 487
9	Finlande	4 512	5 414	6 497	16 424	4 152	4 982	5 979	15 113	6 882	8 258	9 910
10	France	6 521	7 825	9 390	23 736	5 417	6 500	7 800	19 718	8 744	10 493	12 591
11	Grande Bretagne	7 542	9 050	10 860	27 453	6 254	7 505	9 006	22 765	10 254	12 305	14 766
12	Grèce	1 235	1 482	1 778	4 495	2 564	3 077	3 692	9 333	4 784	5 741	6 889
13	Italie	8 542	10 250	12 300	31 093	7 412	8 894	10 673	26 980	11 254	13 505	16 206
14	Luxembourg	6 552	7 862	9 435	23 849	5 874	7 049	8 459	21 381	9 854	11 825	14 190
15	Pays Bas	7 412	8 894	10 673	26 980	8 451	10 141	12 169	30 762	13 548	16 258	19 509
16	Suède	5 562	6 674	8 009	20 246	6 547	7 856	9 428	23 831	7 541	9 049	10 859
17	Suisse	3 241	3 889	4 667	11 797	4 522	5 426	6 512	16 460	5 124	6 149	7 379
18	Sous-total Europe	60 076	72 091	86 509	218 677	62 670	75 204	90 245	228 119	99 533	119 440	143 328
19												
20	Afrique											
21	Algérie	6 497	4 982	2 258	13 738	10 745	2 258	9 910	22 913	10 745	2 585	2 258
22	Égypte	9 390	6 500	3 666	19 557	11 825	3 666	12 591	28 082	11 825	4 350	3 666
23	Gabon	10 860	7 505	2 285	20 651	11 729	2 285	14 766	28 780	11 729	2 588	2 285
24	Kenya	1 778	3 077	4 689	9 544	9 064	4 689	6 889	20 641	9 064	4 249	4 689
25	Maroc	12 300	8 894	6 497	27 692	15 058	6 497	16 206	37 761	15 058	4 982	6 497
26	Mauritanie	9 435	7 049	9 390	25 874	14 250	9 390	14 190	37 830	14 250	6 500	9 390
27	Somalie	10 673	10 141	10 860	31 675	21 058	10 860	19 509	51 427	21 058	7 505	10 860
28	Tchad	8 009	7 856	1 778	17 644	11 341	1 778	10 859	23 979	11 341	3 077	1 778
29	Tunisie	4 667	5 426	12 300	22 394	11 825	12 300	7 379	31 504	11 825	8 894	12 300
30	Sous-total Afrique	73 611	61 432	53 725	188 768	116 893	53 725	112 298	282 917	116 893	44 731	53 725
31												

Finance / Condition / Table / **Plan** / Hypothèse / Cible / Scénario / Région 1

Versions de synthèse en mode Plan

	Trimestre 1	Trimestre 2	Trimestre 3	Trimestre 4	Année
Europe					
Sous-total Europe	218 677	228 119	362 300	477 543	1 286 638
Afrique					
Sous-total Afrique	188 768	282 917	215 349	220 496	907 529
Asie					
Sous-total Asie	179 399	115 400	205 528	183 322	683 650
Amérique					
Sous-total Amérique	161 804	94 745	98 548	166 648	521 746
Année	748 648	721 181	881 726	1 048 009	3 399 563

	Année
Europe	
Sous-total Europe	1 286 638
Afrique	
Sous-total Afrique	907 529
Asie	
Sous-total Asie	683 650
Amérique	
Sous-total Amérique	521 746
Année	3 399 563

Fonctions utilisées

– *Création d'un plan*
– *Modification de l'affichage du plan*

5 mn

Le mode Plan permet de structurer une feuille en attribuant à des blocs de lignes ou de colonnes des niveaux hiérarchiques. Il devient alors possible de ne visualiser que les lignes/colonnes supérieures à un niveau donné.

Nous disposons d'un grand tableau récapitulant les ventes d'une entreprise à travers le monde, avec le détail de chaque mois, et ce, sur toute l'année. La taille de ce tableau en rend la lecture difficile et empêche toute vision d'ensemble. Nous allons utiliser le mode Plan pour n'afficher que les informations qui nous intéressent.

---

❶ OUVRIR LE CLASSEUR

Les données correspondant à ce tableau ont déjà été saisies dans le classeur *Exercices Excel 2003 B.xls*, présent dans le dossier *C:\Exercices Excel 2003*. Récupérons-le :

Cliquez sur ce bouton dans la barre d'outils *Standard*, ou *Fichier/Ouvrir*, ou appuyez sur Ctrl-**O**.

Dans la partie gauche du dialogue qui s'affiche, cliquez sur ce bouton.

Poste de travail

- Double-clic sur l'unité de disque *C:*, puis sur le dossier *Exercices Excel 2003*
- Sélectionnez le fichier *Exercices Excel 2003 B.xls*
- Cliquez sur «Ouvrir»
- Cliquez sur l'onglet nommé *Plan*

---

❷ CRÉER AUTOMATIQUEMENT LE PLAN

- Sélectionnez la totalité du tableau à structurer : la plage A3:R51
- *Données/Grouper et créer un plan/Paramètres*

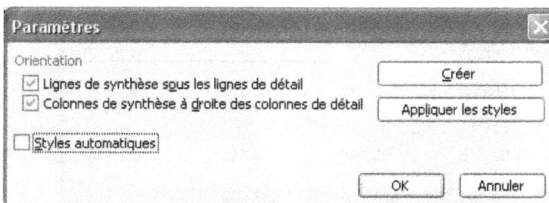

- Cochez les deux premières cases
- Cliquez sur «OK»
- *Données/Grouper et créer un plan/Plan automatique*

L'affichage passe alors en mode Plan. Dans la marge gauche et la marge supérieure, des traits indiquent comment les données ont été regroupées : par continent en ligne, et par trimestre en colonne. Chacun de ces blocs peut être dorénavant masqué ou affiché en fonction des informations qui intéressent l'utilisateur.

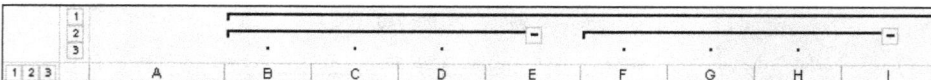

Chiffre d'affaires - Année 2002

A	Janvier	Février	Mars	Trimestre 1	Avril	Mai	Juin	Trimestre 2	Juillet	Août	Septembre	Trimestre 3
Europe												
Allemagne	1 568	1 882	2 258	5 708	2 154	2 585	3 102	7 841	3 541	4 249	5 099	12 889
Autriche	2 546	3 056	3 666	9 267	3 825	4 350	5 220	13 195	5 645	8 214	9 857	24 916
Danemark	1 687	1 904	2 285	5 777	2 157	2 588	3 106	7 851	4 574	5 489	6 587	16 649
Espagne	3 256	3 907	4 689	11 852	3 541	4 249	5 099	12 889	6 588	7 905	9 487	23 980
Finlande	4 512	5 414	6 497	16 424	4 152	4 982	5 979	15 113	6 882	8 258	9 910	25 050
France	6 521	7 825	9 390	23 736	5 417	6 500	7 800	19 718	8 744	10 493	12 591	31 828
Grande Bretagne	7 542	9 050	10 860	27 453	6 254	7 505	9 006	22 765	10 254	12 305	14 766	37 325
Grèce	1 235	1 482	1 778	4 495	2 564	3 077	3 692	9 333	4 784	5 741	6 889	17 414
Italie	8 542	10 250	12 300	31 093	7 412	8 894	10 673	26 980	11 254	13 505	16 206	40 985
Luxembourg	6 552	7 862	9 435	23 849	5 874	7 049	8 459	21 381	9 854	11 825	14 190	35 889
Pays Bas	7 412	8 894	10 673	26 980	8 451	10 141	12 169	30 762	13 546	16 256	19 509	49 315
Suède	5 562	6 674	8 009	20 246	6 547	7 855	9 428	23 831	7 541	9 049	10 859	27 449
Suisse	3 241	3 889	4 667	11 797	4 522	5 426	6 512	16 460	5 124	6 149	7 379	18 651
Sous-total Europe	60 076	72 091	86 509	218 677	62 670	75 204	90 245	228 119	99 533	119 440	143 328	382 300
Afrique												
Algérie	6 497	4 982	2 258	13 738	10 745	2 258	9 910	22 913	10 745	2 585	2 258	15 588
Égypte	9 390	6 500	3 666	19 557	11 825	3 666	2 285	14 766	26 082	11 825	4 350	3 666	19 841
Gabon	10 860	7 505	2 285	20 651	11 729	2 285	14 766	28 780	11 729	2 588	2 285	16 602
Kenya	1 778	3 077	4 689	9 544	9 064	4 689	6 889	20 641	9 064	4 249	4 689	18 001
Maroc	12 300	8 894	6 497	27 692	15 058	6 497	18 206	37 761	15 058	4 982	6 497	26 537
Mauritanie	9 435	7 049	9 390	25 874	14 250	9 390	14 190	37 830	14 250	6 500	9 390	30 141
Somalie	10 673	10 141	10 860	31 675	21 058	10 860	19 509	51 427	21 058	7 505	10 860	39 423
Tchad	8 009	7 856	1 778	17 644	11 341	1 778	10 859	23 979	11 341	3 077	1 778	16 196
Tunisie	4 667	5 426	12 300	22 394	11 825	12 300	7 379	31 504	11 825	8 694	12 300	33 020
Sous-total Afrique	73 611	61 432	53 725	188 768	116 893	53 725	112 298	282 917	116 893	44 731	53 725	215 349
Asie												
Cambodge	2 258	7 505	10 058	19 821	1 235	1 235	2 258	4 728	5 099	3 541	10 058	18 698
Hongkong	3 666	3 077	15 689	22 432	8 542	8 542	3 666	20 750	9 857	4 574	15 689	32 391
Indonésie	2 285	8 894	10 729	21 909	6 552	6 552	2 285	15 389	6 587	4 574	10 729	21 690
Malaisie	4 689	7 049	12 169	23 907	7 412	7 412	4 689	19 513	9 487	6 588	12 169	28 244

Feuilles : Finance / Condition / Table / **Plan** / Hypothèse / Cible / Scénario / Région 1 / Région 2

---

❸ MODIFIER L'AFFICHAGE DU PLAN

Pour afficher ou masquer des niveaux entiers, utilisez les boutons suivants

En colonne :

1   N'affiche que le premier niveau : le total général pour l'année.

2   Affiche les deux premiers niveaux : les totaux des trimestres et le total général.

3   Affiche les trois premiers niveaux : le détail de chaque mois de l'année.

En ligne :

1   N'affiche que le premier niveau : le total général pour le monde entier.

2   Affiche les deux premiers niveaux : les totaux par continents et le total général.

3   Affiche les trois premiers niveaux : le détail pour chaque pays.

Pour développer ou réduire un bloc particulier, utilisez les boutons suivants

+   Réaffiche un bloc actuellement masqué.

−   Masque un bloc actuellement affiché.

- En utilisant les boutons précédents, n'affichez que le résultat de l'année, par continents

A	R	S
Chiffre d'affaires - Année 2002		
		Année
Europe		
Sous-total Europe	1 286 638	
Afrique		
Sous-total Afrique	907 529	
Asie		
Sous-total Asie	683 650	
Amérique		
Sous-total Amérique	521 746	
Année	3 399 563	

- En utilisant les boutons, affichez le résultat pour chaque trimestre et pour l'année, par continents

		Trimestre 1	Trimestre 2	Trimestre 3	Trimestre 4	Année
1	**Chiffre d'affaires - Année 2002**					
2						
3		Trimestre 1	Trimestre 2	Trimestre 3	Trimestre 4	Année
4	**Europe**					
18	Sous-total Europe	218 677	228 119	362 300	477 543	1 286 638
19						
20	**Afrique**					
30	Sous-total Afrique	188 768	282 917	215 349	220 496	907 529
31						
32	**Asie**					
40	Sous-total Asie	179 399	115 400	205 528	183 322	683 650
41						
42	**Amérique**					
49	Sous-total Amérique	161 804	94 745	98 548	166 648	521 746
50						
51	**Année**	748 648	721 181	881 726	1 048 009	3 399 563
52						

- En utilisant les boutons, affichez le détail pour les pays africains de la façon suivante :

		Trimestre 1	Trimestre 2	Trimestre 3	Trimestre 4	Année
1	**Chiffre d'affaires - Année 2002**					
2						
3		Trimestre 1	Trimestre 2	Trimestre 3	Trimestre 4	Année
4	**Europe**					
18	Sous-total Europe	218 677	228 119	362 300	477 543	1 286 638
19						
20	**Afrique**					
21	Algérie	13 738	22 913	15 588	16 036	68 274
22	Égypte	19 557	28 082	19 841	23 786	91 267
23	Gabon	20 651	28 780	16 602	21 928	87 961
24	Kenya	9 544	20 641	18 001	17 726	65 913
25	Maroc	27 692	37 761	26 537	28 070	120 060
26	Mauritanie	25 874	37 830	30 141	29 434	123 279
27	Somalie	31 675	51 427	39 423	37 268	159 793
28	Tchad	17 644	23 979	16 196	18 720	76 539
29	Tunisie	22 394	31 504	33 020	27 527	114 444
30	Sous-total Afrique	188 768	282 917	215 349	220 496	907 529
31						
32	**Asie**					
40	Sous-total Asie	179 399	115 400	205 528	183 322	683 650
41						
42	**Amérique**					
49	Sous-total Amérique	161 804	94 745	98 548	166 648	521 746
50						
51	**Année**	748 648	721 181	881 726	1 048 009	3 399 563
52						

❹ POUR TERMINER

- Retirez les symboles du plan : *Données/Grouper et créer un plan/Effacer le plan*

Cliquez sur ce bouton dans la barre d'outils *Standard* pour enregistrer le classeur.

- *Fichier/Fermer*

CAS 7 : TABLE D'HYPOTHÈSES

Les données et les formules

	A	B	C	D	E	F	
1			Demande de prêt				
2	Etude de la variation du taux et de la durée sur le montant du remboursement mensuel						
3							
4							
5	Taux d'intérêt :		9%				
6	Durée en années :		30				
7	Montant de l'emprunt :		50000				
8	Remboursement mensuel :	=VPM(C5/12;C6*12;-C7)					
9							
10	Table d'hypothèses :						
11							
12			10	15	20	25	30
13	8,50%						
14	8,75%						
15	9,00%						
16	9,25%						
17	9,50%						
18							

Le résultat

Demande de prêt

Etude de la variation du taux et de la durée sur le montant du remboursement mensuel

Taux d'intérêt :	9%
Durée en années :	30
Montant de l'emprunt :	50 000 €
Remboursement mensuel :	402 €

Table d'hypothèses :

402,31 €	10	15	20	25	30
8,50%	620 €	492 €	434 €	403 €	384 €
8,75%	627 €	500 €	442 €	411 €	393 €
9,00%	633 €	507 €	450 €	420 €	402 €
9,25%	640 €	515 €	458 €	428 €	411 €
9,50%	647 €	522 €	466 €	437 €	420 €

Il s'agit de créer un tableau affichant diverses hypothèses pour un modèle de calcul de prêt. Cet exemple est un tableau qui sert à calculer le montant du remboursement mensuel pour un prêt. Il utilise la fonction financière VPM (valeur des paiements).

L'objectif est de voir quelle est l'influence d'une variation du taux d'intérêt et d'une variation de la durée du prêt sur le montant du remboursement mensuel. Il y a donc deux variables : le taux et la durée.

---

❶ OUVRIR LE CLASSEUR

Les données correspondant à ce tableau ont déjà été saisies dans le classeur *Exercices Excel 2003 B.xls*, présent dans le dossier *C:\Exercices Excel 2003*. Récupérons-le :

Cliquez sur ce bouton dans la barre d'outils *Standard*, ou *Fichier/Ouvrir*, ou appuyez sur ⌨Ctrl-**O**.

Poste de travail

Dans la partie gauche du dialogue qui s'affiche, cliquez sur ce bouton.

- Double-clic sur l'unité de disque *C:*, puis sur le dossier *Exercices Excel 2003*
- Sélectionnez le fichier *Exercices Excel 2003 B.xls*
- Cliquez sur «Ouvrir»
- Cliquez sur l'onglet *Hypothèse*

---

❷ CRÉER LE MODÈLE

- Saisir les données en C5:C7

Puis calculons le montant du remboursement.

- Placez le curseur en C8

Cliquez sur ce bouton dans la barre de formule, ou *Insertion/Fonction*.

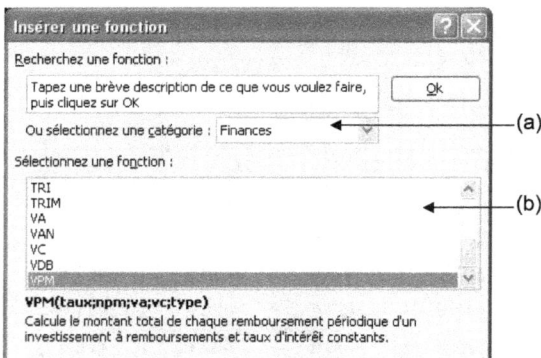

Insérer une fonction

Recherchez une fonction :

Tapez une brève description de ce que vous voulez faire, puis cliquez sur OK   Ok

Ou sélectionnez une catégorie : Finances   ← (a)

Sélectionnez une fonction :

TRI
TRIM
VA
VAN
VC
VDB
VPM   ← (b)

VPM(taux;npm;va;vc;type)
Calcule le montant total de chaque remboursement périodique d'un investissement à remboursements et taux d'intérêt constants.

- Sélectionnez *Finances* en (a)
- Sélectionnez *VPM* en (b)
- Cliquez sur «OK»

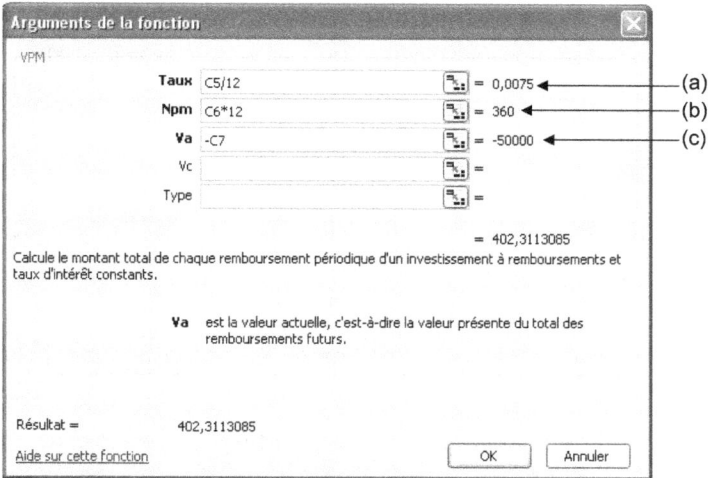

- Tapez en (a) la référence de la cellule contenant le taux : *C5*, puis tapez */12* pour que le taux soit exprimé en taux mensuel
- Tapez en (b) la référence de la cellule contenant la durée : *C6*, puis tapez **12* pour que la durée soit exprimée en mois
- Tapez - en (c), puis tapez la référence de la cellule contenant le montant : *C7*
- Cliquez sur «OK»

---

❸ CRÉER LA TABLE D'HYPOTHÈSES

Les variables ont déjà été saisies : les valeurs à tester pour la première variable (la durée) en ligne en B12:F12, et les valeurs à tester pour la seconde variable (le taux d'intérêt) en colonne en A13:A17.

Dupliquons la formule à tester

- Placez le curseur en A12
- Tapez =
- Cliquez sur la cellule qui contient la formule dont le résultat doit être calculé dans la table d'hypothèses, soit le montant du remboursement : la cellule C8. Vous pourriez aussi saisir directement la formule dans la cellule A12
- Appuyez sur ⏎

	A	B	C	D	E	F
1			Demande de prêt			
2	Etude de la variation du taux et de la durée sur le montant du remboursement mensuel					
3						
4						
5	Taux d'intérêt :		9%			
6	Durée en années :		30			
7	Montant de l'emprunt :		50000			
8	Remboursement mensuel :		402,31 €			
9						
10	Table d'hypothèses :					
11						
12	402,31 €	10	15	20	25	30
13	8,50%					
14	8,75%					
15	9,00%					
16	9,25%					
17	9,50%					
18						

❹ REMPLIR LA TABLE

- Sélectionnez la plage de cellules contenant la formule et les valeurs de test, soit la plage A12:F17
- *Données/Table*

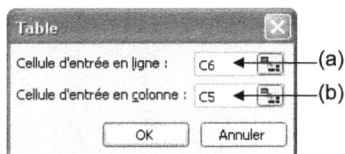

- Cliquez en (a)
- Tapez la référence de la cellule dont les valeurs de test ont été saisies en ligne : ici la durée, donc tapez *C6*
- Cliquez en (b)
- Tapez la référence de la cellule dont les valeurs de test ont été saisies en colonne : ici le taux, donc tapez *C5*
- Cliquez sur «OK»

La table se remplit et présente les montants des remboursements en fonction des taux et des durées saisis.

9						
10	Table d'hypothèses :					
11						
12	402,31 €	10	15	20	25	30
13	8,50%	619,9284444	492,369779	433,911617	402,613542	384,456742
14	8,75%	626,6337522	499,7243253	441,855354	411,071818	393,350203
15	9,00%	633,3788688	507,1332921	449,862978	419,598182	402,311308
16	9,25%	640,1636099	514,5961449	457,933417	428,190921	411,337713
17	9,50%	646,9877878	522,1123414	466,065594	436,84833	420,427104
18						

Notez que lorsque vous changez les paramètres de calcul de la formule (le taux d'intérêt, la durée ou le montant), la table d'hypothèses est automatiquement recalculée.

Appliquons aux montants le format monétaire

- Sélectionnez les plages C7:C8 et B13:F17 (maintenez appuyée la touche Ctrl pour sélectionner des plages disjointes)
- *Format/Cellule,* puis cliquez sur l'onglet *Nombres*

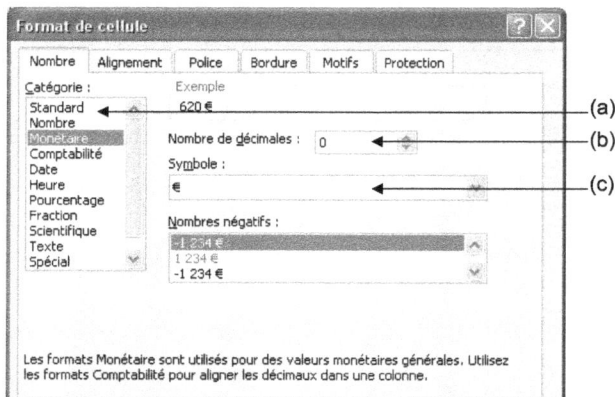

- Sélectionnez *Monétaire* en (a)
- Tapez *0* en (b)

- Sélectionnez le symbole monétaire € en (c)
- Cliquez sur «OK»

Encadrons le tableau
- Sélectionnez la plage A12:F17
- *Format/Mise en forme automatique*

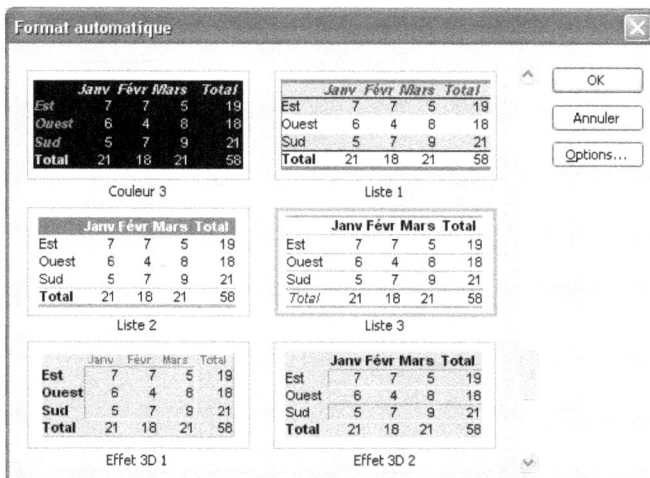

- Sélectionnez le format *Liste 3*
- Cliquez sur «Options»
- Décochez ☒*Largeur/Hauteur* pour que la largeur des colonnes ne soit pas modifiée
- Cliquez sur «OK»

Pour l'aérer, augmentons la hauteur des lignes du tableau
La table d'hypothèses étant toujours sélectionné,
- *Format/Ligne/Hauteur*

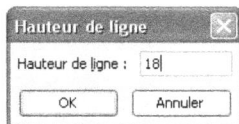

- Tapez *18*
- Cliquez sur «OK»

9						
10	Table d'hypothèses :					
11						
12	402,31 €	10	15	20	25	30
13	8,50%	620 €	492 €	434 €	403 €	384 €
14	8,75%	627 €	500 €	442 €	411 €	393 €
15	9,00%	633 €	507 €	450 €	420 €	402 €
16	9,25%	640 €	515 €	458 €	428 €	411 €
17	9,50%	647 €	522 €	466 €	437 €	420 €
18						

Modifions l'alignement vertical du contenu dans les cellules de la table
La table d'hypothèse étant toujours sélectionné,
- *Format/Cellule*, puis cliquez sur l'onglet *Alignement*

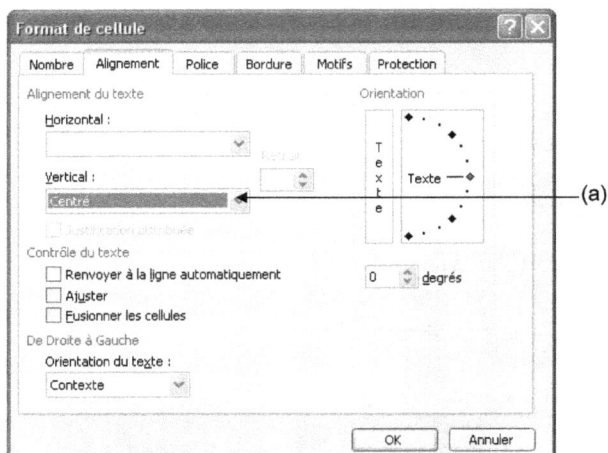

- Sélectionnez *Centré* en (a)
- Cliquez sur «OK»

---

❺ POUR TERMINER

- Effectuez la mise en page

 Cliquez sur ce bouton dans la barre d'outils *Standard* pour imprimer la feuille.

 Cliquez sur ce bouton dans la barre d'outils *Standard* pour enregistrer le classeur.

- *Fichier/Fermer*

CAS 8 : VALEUR CIBLE

Les formules

	A	B	C	D	E	F
1				SALAIRE		
2			Calcul du net et du coût total pour l'entreprise, à partir du brut			
3						
4						
5	Salaire brut (inférieur au plafond) :		1 100 €			
6						
7	Cotisations	Base		Part salarié		Part patronale
8	CSG et RDS	=95%*Brut	8,00%	=Base*PS		=Base*PP
9	Maladie Veuvage	=Brut	0,85%	=Base*PS	12,80%	=Base*PP
10	Vieillesse plafonnée	=Brut	6,55%	=Base*PS	8,20%	=Base*PP
11	Assurance vieillesse	=Brut		=Base*PS	1,60%	=Base*PP
12	FNAL Tranche A	=Brut		=Base*PS	0,10%	=Base*PP
13	Accident du travail	=Brut		=Base*PS	1,30%	=Base*PP
14	Allocations familiales	=Brut		=Base*PS	5,40%	=Base*PP
15	Chômage Tranche A	=Brut	2,21%	=Base*PS	3,97%	=Base*PP
16	Assedic AGS	=Brut		=Base*PS	0,20%	=Base*PP
17	ASF Tranche A	=Brut	0,80%	=Base*PS	1,16%	=Base*PP
18	Retraite Tranche A	=Brut	3,00%	=Base*PS	4,50%	=Base*PP
19	Prévoyance Tranche A	=Brut		=Base*PS	1,30%	=Base*PP
20	Taxe d'apprentissage	=Brut		=Base*PS	0,60%	=Base*PP
21	Formation continue	=Brut		=Base*PS	0,15%	=Base*PP
22	**Total cotisations**			=SOMME(D8:D21)		=SOMME(F8:F21)
23						
24	**Salaire net**	=Brut-D22				
25	**Coût total pour l'entreprise**	=Brut+F22				
26						

Le résultat

SALAIRE

Calcul du net et du coût total pour l'entreprise, à partir du brut

Salaire brut (inférieur au plafond) :   1 100 €

Cotisations	Base		Part salarié		Part patronale
CSG et RDS	1 045 €	8,00%	84 €		0 €
Maladie Veuvage	1 100 €	0,85%	9 €	12,80%	141 €
Vieillesse plafonnée	1 100 €	6,55%	72 €	8,20%	90 €
Assurance vieillesse	1 100 €		0 €	1,60%	18 €
FNAL Tranche A	1 100 €		0 €	0,10%	1 €
Accident du travail	1 100 €		0 €	1,30%	14 €
Allocations familiales	1 100 €		0 €	5,40%	59 €
Chômage Tranche A	1 100 €	2,21%	24 €	3,97%	44 €
Assedic AGS	1 100 €		0 €	0,20%	2 €
ASF Tranche A	1 100 €	0,80%	9 €	1,16%	13 €
Retraite Tranche A	1 100 €	3,00%	33 €	4,50%	50 €
Prévoyance Tranche A	1 100 €		0 €	1,30%	14 €
Taxe d'apprentissage	1 100 €		0 €	0,60%	7 €
Formation continue	1 100 €		0 €	0,15%	2 €
Total cotisations			231 €		454 €

Salaire net   869 €
Coût total pour l'entreprise   1 554 €

Il s'agit de tester la fonction de valeur cible qui permet de trouver quelle valeur permet d'obtenir un résultat particulier pour une formule.

Ce tableau calcule à partir d'un salaire brut quels seront le salaire net pour le salarié et le coût total pour l'entreprise (cet exemple part du principe que le salaire est inférieur au plafond de la Sécurité Sociale).

La fonction de valeur cible va nous permettre ensuite d'effectuer des calculs à l'envers. Par exemple, nous allons demander à Excel quelle valeur du salaire brut amène tel salaire net pour le salarié, puis tel coût total pour l'entreprise.

---

❶ OUVRIR LE CLASSEUR

Les données correspondant à ce tableau ont déjà été saisies dans le classeur *Exercices Excel 2003 B.xls*, présent dans le dossier *C:\Exercices Excel 2003*. Récupérons-le :

Cliquez sur ce bouton dans la barre d'outils *Standard*, ou *Fichier/Ouvrir*, ou appuyez sur ⎡Ctrl⎤-**O**.

Dans la partie gauche du dialogue qui s'affiche, cliquez sur ce bouton.

Poste de travail

- Double-clic sur l'unité de disque *C:*, puis sur le dossier *Exercices Excel 2003*
- Sélectionnez le fichier *Exercices Excel 2003 B.xls*
- Cliquez sur «Ouvrir»
- Cliquez sur l'onglet *Cible*
- Saisir la donnée de base, le salaire brut : tapez *1100* en B5
- Appuyez sur ⎡↵⎤

---

❷ NOMMER LES PLAGES DU TABLEAU

Demandons à Excel de nommer les colonnes du tableau automatiquement en utilisant les libellés de ce dernier. Cela nous permettra par la suite d'utiliser ces noms dans les formules.

- Placez le curseur en B5
- *Insertion/Nom/Définir*

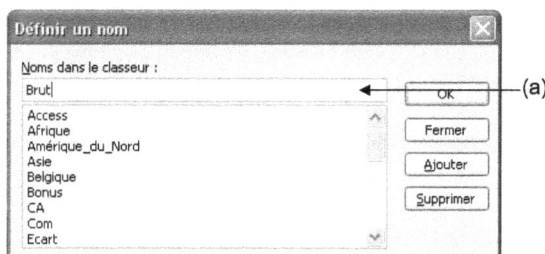

- Tapez *Brut* en (a)
- Cliquez sur «OK»
- Sélectionnez la plage B8:B21

- *Insertion/Nom/Définir*
- <Noms dans le classeur> : Excel propose le terme *Base*

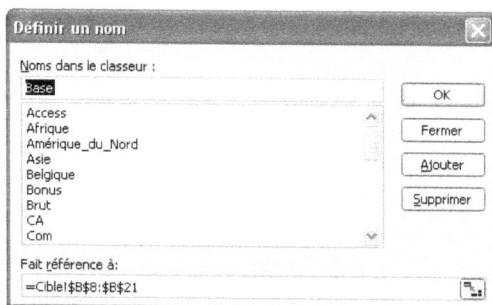

- Cliquez sur «OK» pour l'accepter
- Sélectionnez la plage C8:C21
- *Insertion/Nom/Définir*
- <Noms dans le classeur> : tapez *PS* à la place du contenu de cette zone
- Cliquez sur «OK»
- Sélectionnez la plage E8:E21
- *Insertion/Nom/Définir*
- <Noms dans le classeur> : tapez *PP*
- Cliquez sur «OK»

---

❸ CRÉER LES FORMULES

Calculons le montant servant de base au calcul des prélèvements

Il s'agit du salaire brut, sauf pour la CSG et le RDS qui sont calculés sur 95% du brut.

- Placez le curseur en B8
- Tapez *=95%*Brut* et appuyez sur ⏎
- Placez le curseur en B9
- Tapez *=Brut* et appuyez sur ⏎
- Sélectionnez la cellule B9
- Cliquez et faîtes glisser la poignée de recopie pour étendre la sélection à la zone de recopie : la plage B9:B21

7	Cotisations	Base	Part salarié	Part patronale
8	CSG et RDS	1 045 €	8,00%	
9	Maladie Veuvage	1 100 €	0,85%	12,80%
10	Vieillesse plafonnée	1 100 €	6,55%	8,20%
11	Assurance vieillesse	1 100 €		1,60%
12	FNAL Tranche A	1 100 €		0,10%
13	Accident du travail	1 100 €		1,30%
14	Allocations familiales	1 100 €		5,40%
15	Chômage Tranche A	1 100 €	2,21%	3,97%
16	Assedic AGS	1 100 €		0,20%
17	ASF Tranche A	1 100 €	0,80%	1,16%
18	Retraite Tranche A	1 100 €	3,00%	4,50%
19	Prévoyance Tranche A	1 100 €		1,30%
20	Taxe d'apprentissage	1 100 €		0,60%
21	Formation continue	1 100 €		0,15%
22	**Total cotisations**			

Calculons les retenues du salarié

- Placez le curseur en D8
- Tapez *=Base*PS*
- Appuyez sur ⏎

- Sélectionnez la cellule D8
- Cliquez et faîtes glisser la poignée de recopie pour étendre la sélection à la zone de recopie : la plage D8:D21

Calculons les charges de l'employeur
- Placez le curseur en F8
- Tapez =*Base*PP* et appuyez sur ⏎
- Sélectionnez la cellule F8
- Cliquez et faîtes glisser la poignée de recopie pour étendre la sélection à la zone de recopie : la plage F8:F21

Calculons les totaux
- Placez le curseur en D22

| Σ | Cliquez sur ce bouton dans la barre d'outils *Standard*.

- Appuyez sur ⏎
- Procédez de même dans la cellule F22

Sous le tableau, calculons les résultats finaux
- Placez le curseur en B24
- Tapez =*Brut-D22*
- Appuyez sur ⏎ pour valider la formule
- Placez le curseur en B25
- Tapez =*Brut+F22*
- Appuyez sur ⏎ pour valider la formule

| 💾 | Cliquez sur ce bouton dans la barre d'outils *Standard* pour enregistrer le classeur.

---

❹ RECHERCHER UNE VALEUR SOURCE À PARTIR D'UNE VALEUR CIBLE

Premier exemple
Quel doit être le salaire brut de l'employé pour que son salaire net soit de 1 000 € ?
- Placez le curseur en B24
- *Outils/Valeur cible*

- Tapez en (a) le résultat souhaité pour la formule : *1000*
- Tapez en (b) les références de la cellule dont Excel va pouvoir modifier la valeur (le salaire brut) : *B5*
- Cliquez sur «OK»

La conclusion s'affiche :

- Cliquez sur «OK»

On obtient :

	A	B	C	D	E	F
1		SALAIRE				
2	Calcul du net et du coût total pour l'entreprise, à partir du brut					
3						
4						
5	Salaire brut (inférieur au plafond) :	1 266 €				
6						
7	Cotisations	Base	Part salarié		Part patronale	
8	CSG et RDS	1 203 €	8,00%	96 €		0 €
9	Maladie Veuvage	1 266 €	0,85%	11 €	12,80%	162 €
10	Vieillesse plafonnée	1 266 €	6,55%	83 €	8,20%	104 €
11	Assurance vieillesse	1 266 €		0 €	1,60%	20 €
12	FNAL Tranche A	1 266 €		0 €	0,10%	1 €
13	Accident du travail	1 266 €		0 €	1,30%	16 €
14	Allocations familiales	1 266 €		0 €	5,40%	68 €
15	Chômage Tranche A	1 266 €	2,21%	28 €	3,97%	50 €
16	Assedic AGS	1 266 €		0 €	0,20%	3 €
17	ASF Tranche A	1 266 €	0,80%	10 €	1,16%	15 €
18	Retraite Tranche A	1 266 €	3,00%	38 €	4,50%	57 €
19	Prévoyance Tranche A	1 266 €		0 €	1,30%	16 €
20	Taxe d'apprentissage	1 266 €		0 €	0,60%	8 €
21	Formation continue	1 266 €		0 €	0,15%	2 €
22	Total cotisations			266 €		523 €
23						
24	Salaire net		1 000 €			
25	Coût total pour l'entreprise		1 789 €			
26						

Solution : le salaire brut doit être de 1 266 € pour que l'employé touche au moins 1000 € net.

Deuxième exemple

Quel doit être le salaire brut de l'employé pour que le coût total pour l'entreprise ne dépasse pas 1 700 € ?

- Placez le curseur en B25
- *Outils/Valeur cible*

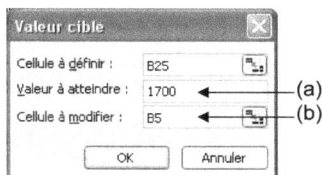

Valeur cible

Cellule à définir : B25
Valeur à atteindre : 1700 ←——— (a)
Cellule à modifier : B5 ←——— (b)

[OK] [Annuler]

- Tapez en (a) le résultat souhaité pour la formule : *1700*
- Tapez en (b) les références de la cellule dont Excel va pouvoir modifier la valeur : *B5*
- Cliquez sur «OK»

La conclusion s'affiche :

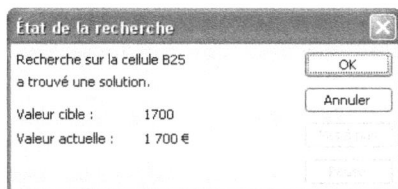

État de la recherche

Recherche sur la cellule B25
a trouvé une solution.

Valeur cible : 1700
Valeur actuelle : 1 700 €

[OK]
[Annuler]

- Cliquez sur «OK»

Solution : le salaire brut de l'employé doit être de 1 203 € pour que le coût pour l'entreprise soit de 1 700 €.

On obtient :

	A	B	C	D	E	F
1			SALAIRE			
2		Calcul du net et du coût total pour l'entreprise, à partir du brut				
3						
4						
5	Salaire brut (inférieur au plafond) :	1 203 €				
6						
7	**Cotisations**	Base	Part salarié		Part patronale	
8	CSG et RDS	1 143 €	8,00%	91 €		0 €
9	Maladie Veuvage	1 203 €	0,85%	10 €	12,80%	154 €
10	Vieillesse plafonnée	1 203 €	6,55%	79 €	8,20%	99 €
11	Assurance vieillesse	1 203 €		0 €	1,60%	19 €
12	FNAL Tranche A	1 203 €		0 €	0,10%	1 €
13	Accident du travail	1 203 €		0 €	1,30%	16 €
14	Allocations familiales	1 203 €		0 €	5,40%	65 €
15	Chômage Tranche A	1 203 €	2,21%	27 €	3,97%	48 €
16	Assedic AGS	1 203 €		0 €	0,20%	2 €
17	ASF Tranche A	1 203 €	0,80%	10 €	1,16%	14 €
18	Retraite Tranche A	1 203 €	3,00%	36 €	4,50%	54 €
19	Prévoyance Tranche A	1 203 €		0 €	1,30%	16 €
20	Taxe d'apprentissage	1 203 €		0 €	0,60%	7 €
21	Formation continue	1 203 €		0 €	0,15%	2 €
22	**Total cotisations**			253 €		497 €
23						
24	**Salaire net**	950 €				
25	**Coût total pour l'entreprise**	1 700 €				
26						

---

❺ POUR TERMINER

- Effectuez la mise en page

Cliquez sur ce bouton dans la barre d'outils *Standard* pour imprimer la feuille.

Cliquez sur ce bouton dans la barre d'outils *Standard* pour enregistrer le classeur.

- *Fichier/Fermer*

---

❻ POUR ALLER PLUS LOIN

Dans l'exercice précédent vous avez résolu un problème à une variable : quelle valeur doit prendre cette variable (le salaire brut) pour que le calcul d'une formule (la valeur nette) atteigne une valeur cible.

Excel permet de résoudre des problèmes plus complexes à plusieurs variables, à l'aide de la commande *Outils/Solveur*. Pour que cette commande soit disponible il faut avoir installé la macro complémentaire *Complément Solveur* à l'aide de la commande *Outils/Macros complémentaires*.

Vous pourrez alors résoudre un problème d'optimisation sous contraintes : trouver les valeurs de plusieurs variables qui permettront à une formule d'atteindre une valeur maximale ou minimale, en respectant diverses contraintes.

CAS 9 : SCÉNARIOS

Le modèle, sans les données de base

Calcul du résultat en fonction du CA et du taux de marge	
RESSOURCES	
Chiffre d'affaires	0
Taux de marge	0%
Marge brute	0
CHARGES	
Location bureaux	150 000 €
Parc automobile	130 000 €
Consommables	60 000 €
Marketing	150 000 €
Pots de vin	300 000 €
Investissements	120 000 €
Frais banquaires	150 000 €
Frais de personnel	1 600 000 €
RÉSULTAT	-2 660 000 €

Rapport de synthèse

Synthèse de scénarios				
	Valeurs actuelles :	Hypothèse basse	Hypothèse moyenne	Hypothèse haute
Cellules variables :				
Chiffre_d_affaires	12000000	6000000	9000000	12000000
Taux_de_marge	25%	35%	30%	25%
Cellules résultantes :				
RÉSULTAT	340 000 €	-560 000 €	40 000 €	340 000 €

La colonne Valeurs actuelles affiche les valeurs des cellules variables
au moment de la création du rapport de synthèse. Les cellules variables
de chaque scénario se situent dans les colonnes grisées.

Nous disposons d'un modèle (une version simplifiée du compte d'exploitation d'une entreprise) et souhaitons le tester avec plusieurs valeurs en entrée (pour le chiffre d'affaires et le taux de marge) et conserver une trace de ces différents cas de figure.

Un scénario est un ensemble nommé de valeurs d'entrée que l'on peut réappliquer à volonté à un modèle. Lors de la création d'un scénario, il faudra préciser les cellules variables et les valeurs à utiliser dans ces cellules.

❶ OUVRIR LE CLASSEUR

Les données correspondant à ce tableau ont déjà été saisies dans le classeur *Exercices Excel 2003 B.xls*, présent dans le dossier *C:\Exercices Excel 2003*. Récupérons-le :

Cliquez sur ce bouton dans la barre d'outils *Standard*, ou *Fichier/Ouvrir*, ou appuyez sur Ctrl-**O**.

Dans la partie gauche du dialogue qui s'affiche, cliquez sur ce bouton.

Poste de travail

- Double-clic sur l'unité de disque *C:*, puis sur le dossier *Exercices Excel 2003*
- Sélectionnez le fichier *Exercices Excel 2003 B.xls*
- Cliquez sur «Ouvrir»
- Cliquez sur l'onglet *Scénario*

Ce petit modèle calcule le résultat net d'une l'entreprise en fonction de son chiffre d'affaires et du taux de marge pratiqué. Nous souhaitons tester trois hypothèses afin de voir quel résultat il en découle :

1) Hypothèse basse : un chiffre d'affaires de 6 M€ et un taux de marge de 35%.
2) Hypothèse moyenne : un chiffre d'affaires de 9 M€ et un taux de marge de 30%.
3) Hypothèse haute : un chiffre d'affaires de 12 M€ et un taux de marge de 25%.

❷ CRÉER LE PREMIER SCÉNARIO

- *Outils/Gestionnaire de scénarios*
- Cliquez sur «Ajouter»

Ajouter un scénario

Nom du scénario :
Hypothèse basse ← (a)

Cellules variables :
B4;B5 ← (b)

Pour ajouter des cellules non adjacentes à la zone de cellules variables, appuyez sur CTRL et cliquez sur les cellules pour les sélectionner.

Commentaire :
Créé par Pierre Ballantin le 08/09/2003

Protection
☑ Changements interdits   ☐ Masquer

- Tapez en (a) un nom pour le scénario : *Hypothèse basse*
- Tapez en (b) les adresses des cellules variables en les séparant avec des points-virgules (ici, tapez donc B4;B5)
- Cliquez sur «OK»

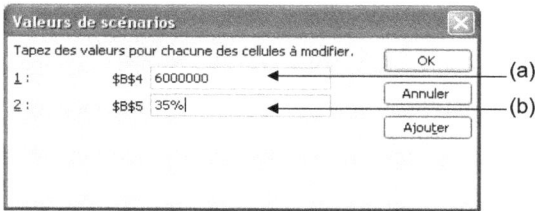

- Tapez en (a) la valeur pour la première variable (le chiffre d'affaires) : *6000000*
- Tapez en (b) la valeur pour la seconde variable (la marge) : *35%*
- Cliquez sur «Ajouter»

---

❸ CRÉER LE DEUXIÈME SCÉNARIO

- <Nom du scénario> : tapez *Hypothèse moyenne*

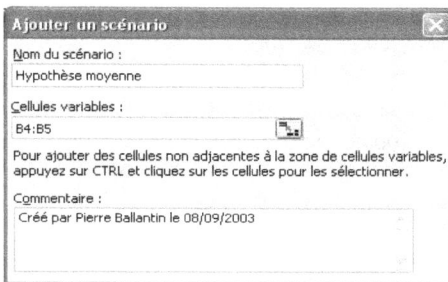

- <Cellules variables> : tapez les adresses des cellules variables en les séparant avec des points-virgules (ici, tapez donc B4;B5)
- Cliquez sur «OK»
- Tapez dans la première zone de saisie la valeur pour la première variable (le chiffre d'affaires) : *9000000*
- Dans la seconde zone de saisie du dialogue, tapez la valeur pour la seconde variable (la marge) : *30%*
- Cliquez sur «Ajouter»

---

❹ CRÉER LE TROISIÈME SCÉNARIO

- <Nom du scénario> : tapez *Hypothèse haute*
- <Cellules variables> : tapez les adresses des cellules variables en les séparant avec des points-virgules (ici, tapez donc B4;B5)
- Cliquez sur «OK»
- Tapez dans la première zone de saisie la valeur pour la première variable (le chiffre d'affaires) : *12000000*
- Dans la seconde zone de saisie du dialogue, tapez la valeur pour la seconde variable (la marge) : *25%*
- Cliquez sur «Ajouter»

Pour terminer la création des scénarios :
- Cliquez sur «Annuler», puis sur «Fermer»

❺ UTILISER LES SCÉNARIOS

Visualisons le résultat de chacun de ces trois scénarios.

- *Outils/Gestionnaire de scénarios*

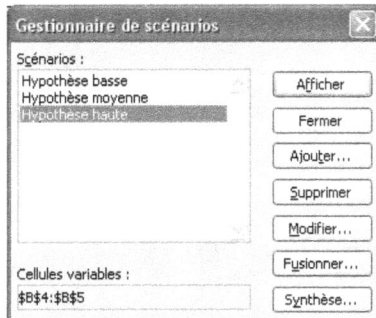

- Sélectionnez le nom du premier scénario : *Hypothèse basse*
- Cliquez sur «Afficher»
- Si le tableau n'est que partiellement visible, déplacez le dialogue en cliquant dans la barre de titre et en faisant glisser

On constate que le résultat de l'entreprise serait alors de - 560 000 €.

- Sélectionnez le nom du second scénario : *Hypothèse moyenne*
- Cliquez sur «Afficher»

On constate que le résultat de l'entreprise serait alors de + 40 000 €.

- Sélectionnez le nom du troisième scénario : *Hypothèse haute*
- Cliquez sur «Afficher»

On constate que le résultat de l'entreprise serait alors de + 340 000 €.

- Cliquez sur «Fermer» pour terminer

❻ GÉNÉRER UN RAPPORT DE SYNTHÈSE

Un rapport de synthèse est un tableau qui récapitule les diverses hypothèses et le résultat qu'elles amènent. Il est nécessaire de nommer les cellules impliquées.

- Sélectionnez la plage A4:B20
- *Insertion/Nom/Créer*
- Cochez uniquement ☒*Colonne de gauche*
- Cliquez sur «OK»
- *Outils/Gestionnaire de scénarios*
- Cliquez sur «Synthèse»
- Cochez ○*Synthèse de scénarios*
- <Cellules résultantes> : tapez le nom de la cellule dont vous voulez visualiser les résultats : *B20*
- Cliquez sur «OK»

Excel crée avant la feuille en cours une nouvelle feuille intitulée *Synthèse de scénarios* et y place la synthèse de nos divers scénarios.

❼ POUR TERMINER

 Cliquez sur ce bouton dans la barre d'outils *Standard* pour enregistrer le classeur.

- *Fichier/Fermer*

CAS 10 : LIAISONS ENTRE FEUILLES

Les trois tableaux

La feuille de synthèse

Synthèse des ventes

	Trim1	Trim2	Trim3	Trim4	Année
France	3 960	7 210	14 920	12 040	38 130
CEE	36 570	3 960	7 210	9 120	56 860
Reste du monde	7 210	9 120	9 800	9 550	35 680
Total	47 740	20 290	31 930	30 710	130 670

Il s'agit de créer la synthèse de trois tableaux présents dans des feuilles de calcul distinctes dans un même classeur.

Une liaison permet de récupérer un résultat apparaissant dans une autre feuille de calcul. Il s'agit d'une référence externe : on peut ainsi récupérer le contenu d'une cellule, le contenu d'une plage ou faire des calculs impliquant des cellules appartenant à des feuilles distinctes.

Nous allons totaliser dans une nouvelle feuille les soldes de trois tableaux présents dans le classeur *Exercices Excel 2003 B.xls* : *Région 1, Région 2* et *Région 3*.

---

❶ OUVRIR LE CLASSEUR

Les données correspondant à ce tableau ont déjà été saisies dans le classeur *Exercices Excel 2003 B.xls*, présent dans le dossier *C:\Exercices Excel 2003*. Récupérons-le :

Cliquez sur ce bouton dans la barre d'outils *Standard*, ou *Fichier/Ouvrir*, ou appuyez sur Ctrl-**O**.

Dans la partie gauche du dialogue qui s'affiche, cliquez sur ce bouton.

Poste de travail

• Double-clic sur l'unité de disque *C:*, puis sur le dossier *Exercices Excel 2003*
• Sélectionnez le fichier *Exercices Excel 2003 B.xls*
• Cliquez sur «Ouvrir»

---

❷ INSÉRER UNE NOUVELLE FEUILLE À LA SUITE DE LA FEUILLE *RÉGION 3*

• Cliquez sur l'onglet de la feuille de calcul suivant *Région 3 :* la feuille *Fichier*
• *Insertion/Feuille*

Un nouvel onglet apparaît à la suite de l'onglet *Région3* :

Région 2 / Région 3 \ **Feuil1** / Fichier /

• Double-clic sur l'onglet de cette nouvelle feuille
• Donnons-lui un nom : tapez *Liaisons*
• Appuyez sur ↵ pour valider

---

❸ CRÉER LE TABLEAU DE SYNTHÈSE

Nous allons récupérer avec liaison dans cette nouvelle feuille de calcul les totaux des tableaux *Région 1, Région 2* et *Région 3* afin d'en calculer le total général. Plutôt que de recréer un tableau de toutes pièces, nous allons recopier celui de *Région 1* et nous contenter de l'adapter.

• Cliquez sur l'onglet de la feuille *Région 1*
• Sélectionnez la plage A1:F10

Cliquez sur ce bouton dans la barre d'outils *Standard*, ou *Edition/Copier*, ou appuyez sur Ctrl-**C**.

• Cliquez sur l'onglet de la feuille *Liaisons*
• Placez le curseur en A1

- Appuyez sur ⏎ pour récupérer le tableau que l'on vient de copier
- Sélectionnez la plage B7:F9
- Appuyez sur Suppr pour effacer les données qu'elle contient
- Sélectionnez en une fois les lignes 2, 3 et 4

	A	B	C	D	E	F	
1	Récapitulatif des ventes						
2							
3	**Zone :**	France					
4	**Année :**	2002					
5							
6		*Trim1*	*Trim2*	*Trim3*	*Trim4*	**Année**	
7	Ordinateurs						
8	Logiciels						
9	Services						
10	**Total**	0	0	0	0	0	
11							

- Clic-droit dans la sélection pour afficher le menu contextuel, puis cliquez sur *Supprimer*
- En A4:A6, remplacez les trois libellés par *France, CEE* et *Reste du monde*
- Elargissez un peu la première colonne
- Cliquez en A1
- Tapez *Synthèse des ventes*
- Appuyez sur ⏎

Par sécurité, enregistrons le classeur dès maintenant :

🖫 Cliquez sur ce bouton dans la barre d'outils *Standard* pour enregistrer le classeur.

---

❹ CRÉER LA PREMIÈRE LIAISON

Il s'agit de récupérer le solde pour la France.

- Affichez la feuille *Région 1*
- Sélectionnez la plage de cellules dont on veut récupérer le contenu : B10:F10

🗐 Cliquez sur ce bouton dans la barre d'outils *Standard*, ou *Edition/Copier*, ou appuyez sur Ctrl-**C**.

- Affichez la feuille *Liaisons* en cliquant sur son onglet
- Sélectionnez la plage B4:F4
- *Edition/Collage spécial*

```
Opération
  ⦿ Aucune          ○ Multiplication
  ○ Addition        ○ Division
  ○ Soustraction

  ☐ Blancs non compris   ☐ Transposé

  [Coller avec liaison]  [   OK   ]  [ Annuler ]
```

- Cliquez sur «Coller avec liaison»

---

❺ CRÉER LA SECONDE LIAISON

Il s'agit de récupérer le solde pour la CEE.

- Affichez la feuille *Région 2*
- Sélectionnez la plage de cellules dont on veut récupérer le contenu : B10:F10

Cliquez sur ce bouton dans la barre d'outils *Standard*, ou *Edition/Copier*, ou appuyez sur `Ctrl`-**C**.

- Affichez la feuille *Liaisons* en cliquant sur son onglet
- Sélectionnez la plage B5:F5
- *Edition/Collage spécial*
- Cliquez sur «Coller avec liaison»

---

❻ CRÉER LA TROISIÈME LIAISON

Il s'agit de récupérer le solde pour le reste du monde.

- Affichez la feuille *Région 3*
- Sélectionnez la plage de cellules dont on veut récupérer le contenu : B10:F10

Cliquez sur ce bouton dans la barre d'outils *Standard*, ou *Edition/Copier*, ou appuyez sur `Ctrl`-**C**.

- Affichez la feuille *Liaisons* en cliquant sur son onglet
- Sélectionnez la plage B6:F6
- *Edition/Collage spécial*
- Cliquez sur «Coller avec liaison»

On obtient :

	A	B	C	D	E	F
1	Synthèse des ventes					
2						
3		*Trim1*	*Trim2*	*Trim3*	*Trim4*	**Année**
4	France	3 960	7 210	14 920	12 040	38 130
5	CEE	36 570	3 960	7 210	9 120	56 860
6	Reste du monde	7 210	9 120	9 800	9 550	35 680
7	**Total**	47 740	20 290	31 930	30 710	130 670
8						

Le fait de Coller avec liaison a introduit dans les cellules de la feuille des formules qui font références à des cellules des autres feuilles. Dans ces formules, le nom de la feuille est mise entre quotte et suivi de ! et de l'adresse de la cellule : ='Région1'!B10.

	A	B	C	D	E	F
1	Synthèse des ventes					
2						
3		*Trim1*	*Trim2*	*Trim3*	*Trim4*	**Année**
4	France	='Région 1'!B10	='Région 1'!C10	='Région 1'!D10	='Région 1'!E10	='Région 1'!F10
5	CEE	='Région 2'!B10	='Région 2'!C10	='Région 2'!D10	='Région 2'!E10	='Région 2'!F10
6	Reste du monde	='Région 3'!B10	='Région 3'!C10	='Région 3'!D10	='Région 3'!E10	='Région 3'!F10
7	**Total**	=SOMME(B4:B6)	=SOMME(C4:C6)	=SOMME(D4:D6)	=SOMME(E4:E6)	=SOMME(F4:F6)
8						

---

❼ POUR TERMINER

Cliquez sur ce bouton dans la barre d'outils *Standard* pour imprimer la feuille.

Cliquez sur ce bouton dans la barre d'outils *Standard* pour enregistrer le classeur.

- *Fichier/Fermer*

CAS 11 : CONSOLIDATION

Les trois tableaux

	A	B	C	D	E	F
1		Récapitulatif des ventes				
2						
3	**Zone :**	France				
4	**Année :**	2002				
5						
6		*Trim1*	*Trim2*	*Trim3*	*Trim4*	**Année**
7	Ordinateurs	1 860	2 540	7 690	4 270	16 360
8	Logiciels	1 250	2 890	4 580	3 250	11 970
9	Services	850	1 780	2 650	4 520	9 800
10	**Total**	3 960	7 210	14 920	12 040	38 130

Scénario \ **Région 1** \ Région 2 \ Région 3

	A	B	C	D	E	F
1		Récapitulatif des ventes				
2						
3	**Zone :**	CEE hors France				
4	**Année :**	2002				
5						
6		*Trim1*	*Trim2*	*Trim3*	*Trim4*	**Année**
7	Ordinateurs	32 580	1 860	2 540	4 780	41 760
8	Logiciels	2 450	1 250	2 890	1 890	8 480
9	Services	1 540	850	1 780	2 450	6 620
10	**Total**	36 570	3 960	7 210	9 120	56 860

Scénario \ Région 1 \ **Région 2** \ Région 3

	A	B	C	D	E	F
1		Récapitulatif des ventes				
2						
3	**Zone :**	Reste du monde				
4	**Année :**	2002				
5						
6		*Trim1*	*Trim2*	*Trim3*	*Trim4*	**Année**
7	Ordinateurs	2 540	4 780	3 890	4 560	15 770
8	Logiciels	2 890	1 890	2 350	3 120	10 250
9	Services	1 780	2 450	3 560	1 870	9 660
10	**Total**	7 210	9 120	9 800	9 550	35 680

Scénario \ Région 1 \ Région 2 \ **Région 3**

La feuille de synthèse (les données des trois tableaux sont consolidées)

Synthèse des ventes

	Trim1	Trim2	Trim3	Trim4	Année
Ordinateurs	36 980	9 180	14 120	13 610	73 890
Logiciels	6 590	6 030	9 820	8 260	30 700
Services	4 170	5 080	7 990	8 840	26 080
Total	47 740	20 290	31 930	30 710	130 670

Il s'agit de consolider trois tableaux pour en obtenir la synthèse. Nous avons vu dans l'exercice précédent qu'il est possible de consolider plusieurs tableaux en utilisant des liaisons. La commande de consolidation permet également de consolider le résultat de plusieurs tableaux ayant une structure identique. Cette commande superpose les tableaux et en additionne les valeurs.

Nous allons consolider dans une nouvelle feuille de calcul les trois tableaux présents dans le classeur *Exercices Excel 2003 B.xls* : *Région 1, Région 2* et *Région 3.*

---

❶ OUVRIR LE CLASSEUR

Les données correspondant à ce tableau ont déjà été saisies dans le classeur *Exercices Excel 2003 B.xls*, présent dans le dossier *C:\Exercices Excel 2003*. Récupérons-le :

Cliquez sur ce bouton dans la barre d'outils *Standard*, ou *Fichier/Ouvrir*, ou appuyez sur Ctrl-**O**.

Poste de travail   Dans la partie gauche du dialogue qui s'affiche, cliquez sur ce bouton.

- Double-clic sur l'unité de disque *C:*, puis sur le dossier *Exercices Excel 2003*
- Sélectionnez le fichier *Exercices Excel 2003 B.xls*
- Cliquez sur «Ouvrir»

---

❷ INSÉRER UNE NOUVELLE FEUILLE À LA SUITE DE LA FEUILLE *RÉGION 3*

- Cliquez sur l'onglet de la feuille suivant *Région 3 :* la feuille *Liaisons* si vous avez réalisé l'exercice précédent
- *Insertion/Feuille*

Un nouvel onglet apparaît à la suite de l'onglet *Région3* :

| Région 2 | Région 3 | **Feuil2** | Liaisons | Fichier |

- Double-clic sur l'onglet de cette nouvelle feuille
- Donnons-lui un nom : tapez *Consolidation*
- Appuyez sur ↵ pour valider

Il faut maintenant y construire un tableau ayant la même structure que les trois tableaux à consolider. Plutôt que de recréer le tableau, nous allons recopier celui de *Région 1* et nous contenter de l'adapter.

- Cliquez sur l'onglet de la feuille *Région 1*
- Sélectionnez la plage A1:F10

Cliquez sur ce bouton dans la barre d'outils *Standard*, ou *Edition/Copier*, ou appuyez sur Ctrl-**C**.

- Cliquez sur l'onglet de la feuille *Consolidation*

| Région 1 | Région 2 | Région 3 | **Consolidation** | Liaisons | Fichier |

- Placez le curseur en A1
- Appuyez sur ↵ pour récupérer le tableau
- Sélectionnez la plage B7:F10 (les données)

- Appuyez sur Suppr pour effacer le contenu de cette plage de cellules
- Sélectionnez en une fois les lignes 2, 3 et 4

	A	B	C	D	E	F
1	Récapitulatif des ventes					
2						
3	Zone :	France				
4	Année :	2002				
5						
6		*Trim1*	*Trim2*	*Trim3*	*Trim4*	**Année**
7	Ordinateurs					
8	Logiciels					
9	Services					
10	**Total**					
11						

- Clic-droit dans la sélection pour afficher le menu contextuel, puis cliquez sur *Supprimer*
- Cliquez en A1
- Tapez *Synthèse des ventes*
- Appuyez sur ↵

On obtient :

	A	B	C	D	E	F
1	Synthèse des ventes					
2						
3		*Trim1*	*Trim2*	*Trim3*	*Trim4*	**Année**
4	Ordinateurs					
5	Logiciels					
6	Services					
7	**Total**					
8						

---

❸ EFFECTUER LA CONSOLIDATION

- Dans la feuille *Consolidation*, sélectionnez la zone devant contenir les valeurs à consolider : la plage B4:F7
- *Données/Consolider*

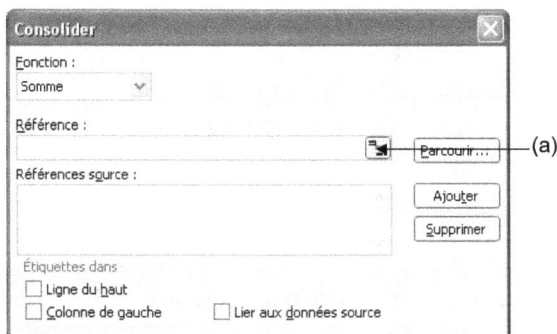

Spécifions la première feuille à consolider :

Cliquez sur le bouton (a) pour réduire la taille du dialogue.

Le dialogue se réduit :

- Cliquez sur l'onglet de la feuille *Région 1*

- Sélectionnez la plage B7:F10

🖳 Dans la partie encore visible du dialogue, cliquez sur ce bouton pour rendre sa taille normale au dialogue.

- Cliquez sur «Ajouter»

Spécifions la seconde feuille à consolider :

🖳 A l'extrémité droite de la zone <Référence>, cliquez sur ce bouton pour réduire à nouveau la taille du dialogue.

- Cliquez sur l'onglet de la feuille *Région 2*
- Sélectionnez la plage B7:F10

🖳 Dans la partie encore visible du dialogue, cliquez sur ce bouton pour rendre sa taille normale au dialogue.

- Cliquez sur «Ajouter»

Spécifions la troisième feuille à consolider :

🖳 A l'extrémité de la zone <Référence>, cliquez sur ce bouton pour réduire à nouveau la taille du dialogue.

- Cliquez sur l'onglet de la feuille *Région 3*
- Sélectionnez la plage B7:F10

🖳 Dans la partie encore visible du dialogue, cliquez sur ce bouton pour rendre sa taille normale au dialogue.

- Cliquez sur «Ajouter»

- Cochez ☒*Lier aux données source* pour que par la suite toute modification apportée à l'un des trois tableaux soit répercutée dans le tableau de synthèse
- Cliquez sur «OK» pour lancer la consolidation

---

❹ POUR TERMINER

🖨 Cliquez sur ce bouton dans la barre d'outils *Standard* pour imprimer la feuille.

💾 Cliquez sur ce bouton dans la barre d'outils *Standard* pour enregistrer le classeur.

- *Fichier/Fermer*

CAS 12 : GÉRER UNE LISTE DE DONNÉES

Liste des ventes - Septembre 2003				
Date	**Client**	**Ville**	**Vendeur**	**Montant**
02/09/2003	Valeor	Marseille	Martin	75 000,00 €
02/09/2003	Marval	Paris	Durand	145 250,00 €
05/09/2003	AMT	Paris	Durand	35 600,00 €
05/09/2003	SysLog	Reims	Morel	182 500,00 €
05/09/2003	Champagnes Fols	Reims	Morel	76 000,00 €
05/09/2003	Bolor Sarl	Rouen	Martin	48 700,00 €
07/09/2003	JBM Consultant	Rouen	Martin	126 000,00 €
07/09/2003	Keops	Toulouse	Martin	98 200,00 €
10/09/2003	AMT	Paris	Durand	95 600,00 €
10/09/2003	SysLog	Reims	Morel	258 400,00 €
10/09/2003	Champagnes Fols	Reims	Morel	114 700,00 €
10/09/2003	Bolor Sarl	Rouen	Martin	28 400,00 €
14/09/2003	SysLog	Lyon	Morel	45 200,00 €
14/09/2003	Valeor	Marseille	Martin	68 500,00 €
14/09/2003	Marval	Paris	Durand	116 500,00 €
14/09/2003	AMT	Paris	Durand	162 400,00 €
15/09/2003	Champagnes Fols	Lyon	Morel	132 000,00 €
15/09/2003	Bolor Sarl	Rouen	Martin	68 700,00 €
17/09/2003	Marval	Paris	Durand	26 800,00 €
17/09/2003	Valeor	Toulouse	Martin	186 500,00 €
18/09/2003	AMT	Paris	Durand	48 700,00 €
18/09/2003	SysLog	Reims	Morel	55 000,00 €
18/09/2003	Bolor Sarl	Rouen	Martin	17 500,00 €
20/09/2003	AMT	Paris	Durand	95 600,00 €
21/09/2003	Bolor Sarl	Rouen	Martin	28 400,00 €
22/09/2003	Champagnes Fols	Reims	Morel	114 700,00 €
25/09/2003	Marval	Paris	Durand	116 500,00 €
26/09/2003	Valeor	Marseille	Martin	68 500,00 €
27/09/2003	SysLog	Lyon	Morel	45 200,00 €

Fichier

Date: 02/09/2003   1 sur 29

Client: Valeor   Nouvelle

Ville: Marseille   Supprimer

Vendeur: Martin   _Rétablir_

Montant: 75000

Précédente

Suivante

Critères

Fermer

Il s'agit de récupérer une liste de données (on parle également de base de données), puis de la trier, d'y ajouter des enregistrements, d'en modifier et d'en supprimer.

❶ OUVRIR LE CLASSEUR

Les données correspondant à ce tableau ont déjà été saisies dans le classeur *Exercices Excel 2003 B.xls*, présent dans le dossier *C:\Exercices Excel 2003*. Récupérons-le :

Cliquez sur ce bouton dans la barre d'outils *Standard*, ou *Fichier/Ouvrir*, ou appuyez sur Ctrl-**O**.

Poste de travail | Dans la partie gauche du dialogue qui s'affiche, cliquez sur ce bouton.

- Double-clic sur l'unité de disque *C:*, puis sur le dossier *Exercices Excel 2003*
- Sélectionnez le fichier *Exercices Excel 2003 B.xls*
- Cliquez sur «Ouvrir»
- Cliquez sur l'onglet nommé *Fichier*

Il s'agit d'une liste affichant une série de ventes. Une liste (base de données) est une suite d'informations saisies en ligne. La première ligne contient le nom des rubriques (les champs) et les lignes suivantes les données (les enregistrements).

	A	B	C	D	E
1		Liste des ventes - Septembre 2003			
2					
3	**Date**	**Client**	**Ville**	**Vendeur**	**Montant**
4	02/09/2003	Valeor	Marseille	Martin	75 000,00 €
5	02/09/2003	Marval	Paris	Durand	145 250,00 €

❷ TRIER LA LISTE

Exemple 1 : trions-la par villes

- Placez le curseur dans la liste, par exemple en C4
- *Données/Trier*

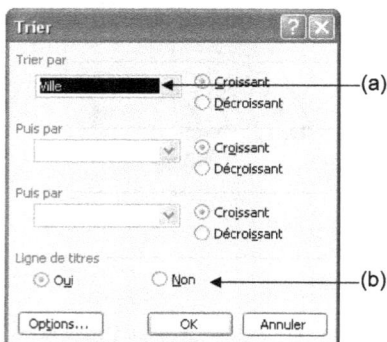

- Cliquez sur la flèche (a) et sélectionnez le critère de tri : *Ville*
- Cochez ○*Oui* en (b)
- Cliquez sur «OK»

On obtient :

	A	B	C	D	E
1			Liste des ventes - Septembre 2003		
2					
3	**Date**	**Client**	**Ville**	**Vendeur**	**Montant**
4	14/09/2003	SysLog	Lyon	Morel	45 200,00 €
5	15/09/2003	Champagnes Fols	Lyon	Morel	132 000,00 €
6	27/09/2003	SysLog	Lyon	Morel	45 200,00 €
7	02/09/2003	Valeor	Marseille	Martin	75 000,00 €
8	14/09/2003	Valeor	Marseille	Martin	68 500,00 €
9	26/09/2003	Valeor	Marseille	Martin	68 500,00 €
10	02/09/2003	Marval	Paris	Durand	145 250,00 €
11	05/09/2003	AMT	Paris	Durand	35 600,00 €
12	10/09/2003	AMT	Paris	Durand	95 600,00 €
13	14/09/2003	Marval	Paris	Durand	116 500,00 €
14	14/09/2003	AMT	Paris	Durand	162 400,00 €
15	17/09/2003	Marval	Paris	Durand	26 800,00 €
16	18/09/2003	AMT	Paris	Durand	48 700,00 €
17	20/09/2003	AMT	Paris	Durand	95 600,00 €
18	25/09/2003	Marval	Paris	Durand	116 500,00 €
19	05/09/2003	SysLog	Reims	Morel	182 500,00 €

Exemple 2 : trions à nouveau la liste pour la reclasser par dates
- Placez le curseur dans la liste, par exemple en C4
- *Données/Trier*
- <Trier par> : cliquez sur la flèche et sélectionnez le critère de tri : *Date*
- <Ligne de titres> : cochez □*Oui*
- Cliquez sur «OK»

---

❸ AFFICHER LE FORMULAIRE DE SAISIE

Le formulaire affiche les enregistrements sous forme de fiches et permet d'en gérer le contenu et donc de faire évoluer la liste de données.

- Placez le curseur dans la liste
- *Données/Formulaire*

- Testez les touches suivantes pour se déplacer au sein de la liste :
– Fiche suivante : ↓ ou «Suivante»
– Fiche précédente : ↑ ou «Précédente»
– Premier enregistrement : Ctrl + ⬆
– Dernier enregistrement : Ctrl + ⬇

❹ RECHERCHER UN ENREGISTREMENT

Nous allons rechercher l'enregistrement correspondant à la vente faite à la société Valeor le 14/9/2003.

- Appuyez sur Ctrl-↥ pour aller au début de la liste
- Cliquez sur «Critères»

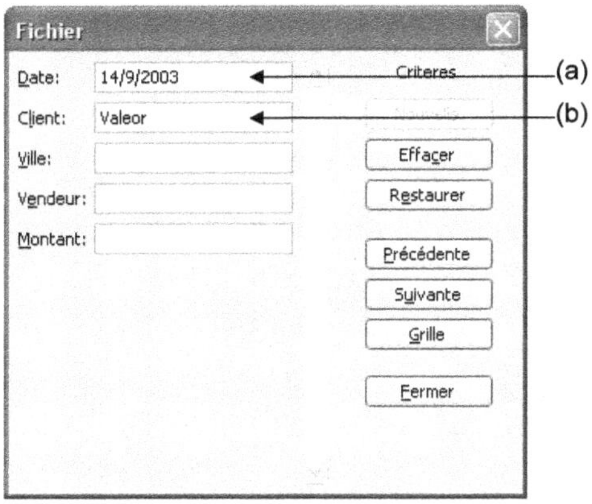

- Tapez *14/9/2003* en (a)
- Tapez *Valeor* en (b)
- Cliquez sur «Suivante»

La fiche correspondante est alors affichée dans le formulaire.

❺ MODIFIER UN ENREGISTREMENT

Nous allons réviser le montant de la vente faite à la société Marval le 14/9/2003. Commençons par rechercher l'enregistrement.

- Appuyez sur Ctrl-↥ pour aller au début de la liste
- Cliquez sur «Critères»
- Cliquez sur «Effacer» pour supprimer les critères précédents

- Tapez *14/9/2003* en (a)
- Tapez *Marval* en (b)
- Cliquez sur «Suivante»

La fiche correspondante est alors affichée dans le formulaire.

Puis,

- Double-clic dans la zone <Montant>
- Tapez *75700*
- Appuyez sur ⏎
- De la même façon, remplacez le nom du vendeur par Durand pour la vente faite à la société JBM le 7/9/2003

---

❻ AJOUTER UN ENREGISTREMENT

Ajoutons l'enregistrement suivant : le 12/9/2003, client AMT, à Paris, vendeur Durand, pour un montant de 50 000 €.

- Cliquez sur «Nouvelle»

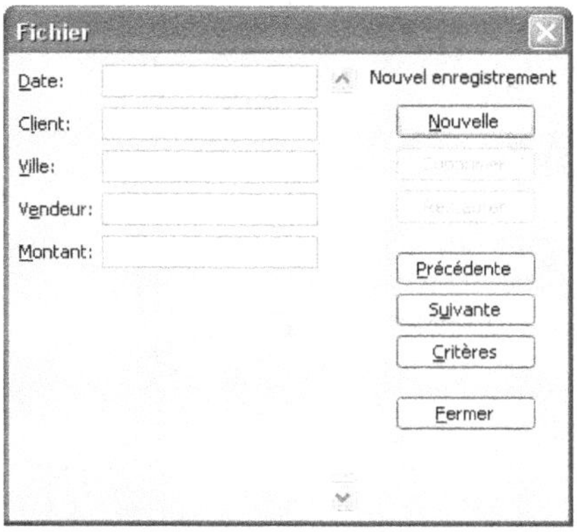

- Saisissez les données dans la grille (on passe d'une zone à l'autre avec la touche ⇆)
- Appuyez sur ⏎ pour terminer

---

❼ SUPPRIMER UN ENREGISTREMENT

Nous allons supprimer la vente de 48 700 € faite à la société Bolor Sarl le 5/9/2003. Commençons par rechercher l'enregistrement en question.

- Appuyez sur Ctrl-⇮ pour aller au début de la liste
- Cliquez sur «Critères»
- Cliquez sur «Effacer»

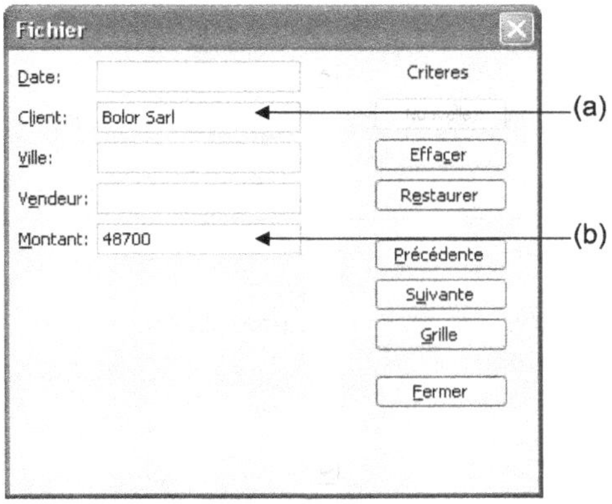

- Tapez *Bolor* en (a)

- Tapez *48700* en (b)
- Cliquez sur «Suivante»

Puis,

- Cliquez sur «Supprimer»

Un message demande confirmation.

- Cliquez sur «OK»
- Cliquez sur «Fermer» dans le formulaire pour le quitter

---

❽ MISE EN PAGE ET IMPRESSION

La liste pouvant être longue, demandons à ce que les trois premières lignes, celles contenant les libellés des colonnes, soient automatiquement imprimées au début de chaque page dans l'hypothèse où l'impression de la liste en nécessiterait plusieurs (ce qui n'est pas actuellement le cas).

- *Fichier/Mise en page*, puis cliquez sur l'onglet *Feuille*

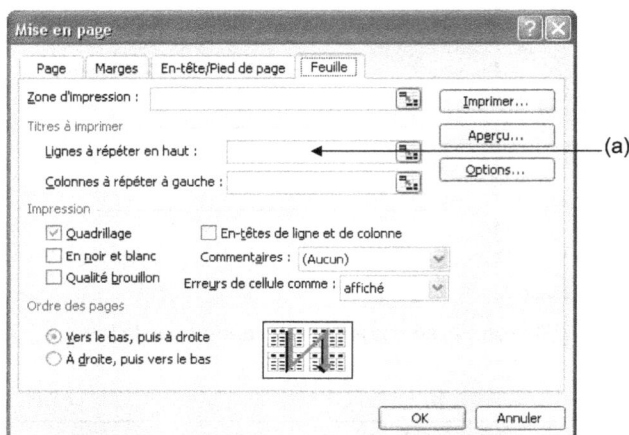

- Cliquez en (a)

Cliquez sur le bouton se trouvant à l'extrémité droite de cette zone afin de réduire la taille de ce dialogue.

- Sélectionnez les lignes 1 à 3 (les lignes entières)

Cliquez à nouveau sur le bouton qui avait permis de réduire la taille du dialogue.

- Cliquez sur «OK»

Puis,

Cliquez sur ce bouton dans la barre d'outils *Standard* pour imprimer la feuille.

---

❾ POUR TERMINER

Cliquez sur ce bouton dans la barre d'outils *Standard* pour enregistrer le classeur.

- *Fichier/Fermer*

CAS 13 : FILTRES ET SOUS-TOTAUX

Filtre automatique

Sous-totaux

Il s'agit, à partir d'un ou de plusieurs critères, de rechercher des enregistrements dans une liste de données, puis d'afficher des sous-totaux.

❶ OUVRIR LE CLASSEUR

Les données correspondant à ce tableau ont déjà été saisies dans le classeur *Exercices Excel 2003 B.xls*, présent dans le dossier *C:\Exercices Excel 2003*. Récupérons-le :

Cliquez sur ce bouton dans la barre d'outils *Standard*, ou *Fichier/Ouvrir*, ou appuyez sur Ctrl-**O**.

Poste de travail

Dans la partie gauche du dialogue qui s'affiche, cliquez sur ce bouton.

- Double-clic sur l'unité de disque *C:*, puis sur le dossier *Exercices Excel 2003*
- Sélectionnez le fichier *Exercices Excel 2003 B.xls*
- Cliquez sur «Ouvrir»
- Cliquez sur l'onglet nommé *Fichier*

❷ RECHERCHE SIMPLE

Commençons par rechercher l'ensemble des ventes faites à Paris.

- Placez le curseur dans la liste
- *Données/Filtrer/Filtre automatique*

Dans la ligne affichant les noms des champs, des flèches apparaissent :

Date ▼	Client ▼	Ville ▼	Vendeur ▼	Montant ▼

- Cliquez sur la flèche située à droite du terme *Ville*
- Dans la liste qui se déroule, cliquez sur *Paris*

La liste se réduit alors aux ventes effectuées à Paris.

	A	B	C	D	E
1		Liste des ventes - Septembre 2003			
2					
3	Date ▼	Client ▼	Ville ▼	Vendeur ▼	Montant ▼
5	02/09/2003	Marval	Paris	Durand	145 250,00 €
6	05/09/2003	AMT	Paris	Durand	35 600,00 €
11	10/09/2003	AMT	Paris	Durand	95 600,00 €
17	14/09/2003	Marval	Paris	Durand	75 700,00 €
18	14/09/2003	AMT	Paris	Durand	162 400,00 €
21	17/09/2003	Marval	Paris	Durand	26 800,00 €
23	18/09/2003	AMT	Paris	Durand	48 700,00 €
26	20/09/2003	AMT	Paris	Durand	95 600,00 €
29	25/09/2003	Marval	Paris	Durand	116 500,00 €
32	12/09/2003	AMT	Paris	Durand	50 000,00 €
33					

Puis, pour réafficher la totalité de la liste :

- Cliquez sur la flèche située à droite du terme *Ville*
- Dans la liste qui apparaît, cliquez sur *(Tous)*

❸ RECHERCHE MULTICRITÈRE

Nous allons maintenant rechercher l'ensemble des ventes faites par *Martin* à *Rouen*.

- Cliquez sur la flèche située à droite du terme *Ville* et cliquez sur *Rouen*
- Cliquez sur la flèche située à droite du terme *Vendeur* et cliquez sur *Martin*

La liste se réduit alors aux ventes effectuées à Rouen par Martin.

	A	B	C	D	E
1		Liste des ventes - Septembre 2003			
2					
3	**Date** ▾	**Client** ▾	**Ville** ▾	**Vendeur** ▾	**Montant** ▾
14	10/09/2003	Bolor Sarl	Rouen	Martin	28 400,00 €
20	15/09/2003	Bolor Sarl	Rouen	Martin	68 700,00 €
25	18/09/2003	Bolor Sarl	Rouen	Martin	17 500,00 €
27	21/09/2003	Bolor Sarl	Rouen	Martin	28 400,00 €
33					

Puis, pour réafficher la totalité de la liste :
- *Données/Filtrer/Afficher tout*

❹ RECHERCHE AVEC OPÉRATEUR

Nous allons rechercher les ventes supérieures à 100 000 €.

- Cliquez sur la flèche située à droite du terme *Montant*
- Dans la liste, cliquez sur *(Personnalisé...)*

- Cliquez sur la flèche (a) et sélectionnez *est supérieur à*
- Tapez *100000* en (b)
- Cliquez sur «OK»

La liste se réduit alors aux ventes supérieures à 100 000 €.

	A	B	C	D	E
1		Liste des ventes - Septembre 2003			
2					
3	**Date** ▾	**Client** ▾	**Ville** ▾	**Vendeur** ▾	**Montant** ▾
5	02/09/2003	Marval	Paris	Durand	145 250,00 €
7	05/09/2003	SysLog	Reims	Morel	182 500,00 €
9	07/09/2003	JBM Consultant	Rouen	Durand	126 000,00 €
12	10/09/2003	SysLog	Reims	Morel	258 400,00 €
13	10/09/2003	Champagnes Fols	Reims	Morel	114 700,00 €
18	14/09/2003	AMT	Paris	Durand	162 400,00 €
19	15/09/2003	Champagnes Fols	Lyon	Morel	132 000,00 €
22	17/09/2003	Valeor	Toulouse	Martin	186 500,00 €
28	22/09/2003	Champagnes Fols	Reims	Morel	114 700,00 €
29	25/09/2003	Marval	Paris	Durand	116 500,00 €
33					

Puis, pour réafficher la totalité de la liste :
- *Données/Filtrer/Afficher tout*

❺ RECHERCHE D'UN INTERVALLE

Nous allons rechercher les ventes effectuées entre le 10/9/2003 et le 20/9/2003.

- Cliquez sur la flèche située à droite du terme *Date*
- Dans la liste qui se déroule, cliquez sur *(Personnalisé...)*

Filtre automatique personnalisé

Afficher les lignes dans lesquelles : — (a)
Date

| est supérieur ou égal à | ▼ | | 10/9/2003 | ◄— | | — (b) |

⊙ Et   ○ Ou — (c)

| est inférieur ou égal à | ▼ | | 20/9/2003 | ◄— | | — (d) |

Utilisez ? pour représenter un caractère
Utilisez * pour représenter une série de caractères

OK   Annuler

- Cliquez sur la flèche (a) et sélectionnez *est supérieur ou égal à*
- Tapez *10/9/2003* en (b)
- Cochez ○*Et*
- Sélectionnez *est inférieur ou égal à* en (c)
- Tapez *20/9/2003* en (d)
- Cliquez sur «OK»

La liste se réduit alors aux ventes effectuées dans la période choisie.

	A	B	C	D	E
1		Liste des ventes - Septembre 2003			
2					
3	**Date** ▼	**Client** ▼	**Ville** ▼	**Vendeur** ▼	**Montant** ▼
11	10/09/2003	AMT	Paris	Durand	95 600,00 €
12	10/09/2003	SysLog	Reims	Morel	258 400,00 €
13	10/09/2003	Champagnes Fols	Reims	Morel	114 700,00 €
14	10/09/2003	Bolor Sarl	Rouen	Martin	28 400,00 €
15	14/09/2003	SysLog	Lyon	Morel	45 200,00 €
16	14/09/2003	Valeor	Marseille	Martin	68 500,00 €
17	14/09/2003	Marval	Paris	Durand	75 700,00 €
18	14/09/2003	AMT	Paris	Durand	162 400,00 €
19	15/09/2003	Champagnes Fols	Lyon	Morel	132 000,00 €
20	15/09/2003	Bolor Sarl	Rouen	Martin	68 700,00 €
21	17/09/2003	Marval	Paris	Durand	26 800,00 €
22	17/09/2003	Valeor	Toulouse	Martin	186 500,00 €
23	18/09/2003	AMT	Paris	Durand	48 700,00 €
24	18/09/2003	SysLog	Reims	Morel	55 000,00 €
25	18/09/2003	Bolor Sarl	Rouen	Martin	17 500,00 €
26	20/09/2003	AMT	Paris	Durand	95 600,00 €
32	12/09/2003	AMT	Paris	Durand	50 000,00 €
33					

Puis, pour réafficher la totalité de la liste :
- *Données/Filtrer/Afficher tout*

❻ CRITÈRE DE TYPE OU

Pour obtenir les enregistrements qui correspondent à l'un ou à l'autre (OU logique) des critères. Nous allons rechercher les ventes de la région Sud (Toulouse ou Marseille).

- Cliquez sur la flèche située à droite du terme *Ville*
- Dans la liste qui se déroule, cliquez sur *(Personnalisé...)*

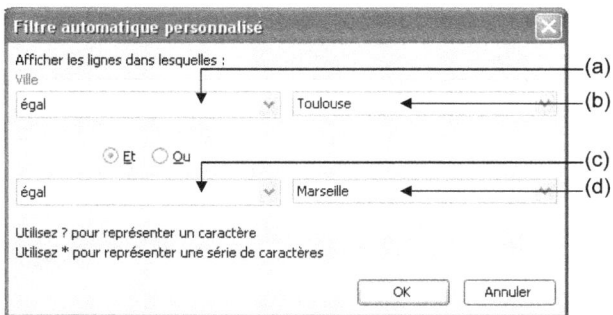

- Sélectionnez *égal* en (a)
- Déroulez la liste (b) et sélectionnez *Toulouse*
- Cochez ○*Ou*
- Sélectionnez *égal* en (c)
- Déroulez la liste (d) et sélectionnez *Marseille*
- Cliquez sur «OK»

La liste se réduit alors aux ventes effectuées dans la région Sud.

	A	B	C	D	E
1	Liste des ventes - Septembre 2003				
2					
3	Date	Client	Ville	Vendeur	Montant
4	02/09/2003	Valeor	Marseille	Martin	75 000,00 €
10	07/09/2003	Keops	Toulouse	Martin	98 200,00 €
16	14/09/2003	Valeor	Marseille	Martin	68 500,00 €
22	17/09/2003	Valeor	Toulouse	Martin	186 500,00 €
30	26/09/2003	Valeor	Marseille	Martin	68 500,00 €
33					

Puis, pour réafficher la totalité de la liste :
- *Données/Filtrer/Afficher tout*

---

❼ AFFICHER DES SOUS-TOTAUX

Nous allons afficher des sous-totaux par villes. Commençons par trier la liste par ville car cela est obligatoire :

- Placez le curseur dans la liste
- *Données/Trier*

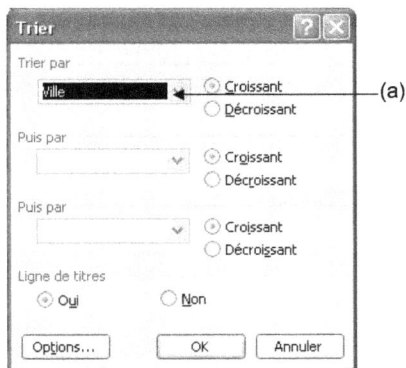

- Sélectionnez *Ville* en (a)
- Cliquez sur «OK»

Puis,

- Placez le curseur dans la liste
- *Données/Sous-totaux*

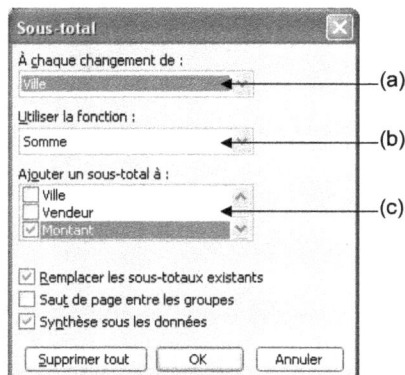

(a)
(b)
(c)

- Sélectionnez *Ville* en (a) et *Somme* en (b)
- Vérifiez que la case ⊠*Montant* est cochée en (c)
- Cliquez sur «OK»

Les sous-totaux apparaissent en mode Plan :

		A	B	C	D	E
	1		Liste des ventes - Septembre 2003			
	2					
	3	Date	Client	Ville	Vendeur	Montant
	4	14/09/2003	SysLog	Lyon	Morel	45 200,00 €
	5	15/09/2003	Champagnes Fols	Lyon	Morel	132 000,00 €
	6	27/09/2003	SysLog	Lyon	Morel	45 200,00 €
	7			Total Lyon		222 400,00 €
	8	02/09/2003	Valeor	Marseille	Martin	75 000,00 €
	9	14/09/2003	Valeor	Marseille	Martin	68 500,00 €
	10	26/09/2003	Valeor	Marseille	Martin	68 500,00 €
	11			Total Marseille		212 000,00 €
	12	02/09/2003	Marval	Paris	Durand	145 250,00 €
	13	05/09/2003	AMT	Paris	Durand	35 600,00 €
	14	10/09/2003	AMT	Paris	Durand	95 600,00 €
	15	14/09/2003	Marval	Paris	Durand	75 700,00 €
	16	14/09/2003	AMT	Paris	Durand	162 400,00 €
	17	17/09/2003	Marval	Paris	Durand	26 800,00 €
	18	18/09/2003	AMT	Paris	Durand	48 700,00 €
	19	20/09/2003	AMT	Paris	Durand	95 600,00 €
	20	25/09/2003	Marval	Paris	Durand	116 500,00 €
	21	12/09/2003	AMT	Paris	Durand	50 000,00 €
	22			Total Paris		852 150,00 €
	23	05/09/2003	SysLog	Reims	Morel	182 500,00 €
	24	05/09/2003	Champagnes Fols	Reims	Morel	76 000,00 €

Puis, pour masquer les sous-totaux :

- *Données/Sous-totaux*
- Cliquez sur «Supprimer tout» dans le dialogue qui s'affiche

---

❽ POUR TERMINER

- Placez le curseur dans la liste
- Passez la commande *Données/Filtrer/Filtre automatique* afin de retirez les flèches de la liste
- *Fichier/Fermer*

CAS 14 : TABLEAUX CROISÉS

Résultats par vendeurs et par villes

Somme de Montant	Ville ▾						
Vendeur ▾	Lyon	Marseille	Paris	Reims	Rouen	Toulouse	Total
Durand			852150		126000		978150
Martin		212000			143000	284700	639700
Morel	222400			801300			1023700
Total	222400	212000	852150	801300	269000	284700	2641550

Résultats par villes

Somme de Montant	
Ville ▾	Total
Lyon	222 400 €
Marseille	212 000 €
Paris	852 150 €
Reims	801 300 €
Rouen	269 000 €
Toulouse	284 700 €
Total	2 641 550 €

Résultats zone Nord

Somme de Montant	
Ville ▾	Total
Paris	852 150 €
Reims	801 300 €
Rouen	269 000 €
Total	1 922 450 €

Résultats par clients

Somme de Montant	
Client ▾	Total
AMT	487 900 €
Bolor Sarl	143 000 €
Champagnes Fols	437 400 €
JBM Consultant	126 000 €
Keops	98 200 €
Marval	364 250 €
SysLog	586 300 €
Valeor	398 500 €
Total	2 641 550 €

Somme de Montant	
Client ▾	Total
AMT	18,47%
Bolor Sarl	5,41%
Champagnes Fols	16,56%
JBM Consultant	4,77%
Keops	3,72%
Marval	13,79%
SysLog	22,20%
Valeor	15,09%
Total	100,00%

Il s'agit de créer des tableaux croisés pour obtenir divers états de synthèse sur le contenu de notre liste de données. Nous créerons également un graphique associé à ce type de tableau.

---

❶ OUVRIR LE CLASSEUR

Les données correspondant à ce tableau ont déjà été saisies dans le classeur *Exercices Excel 2003 B.xls*, présent dans le dossier *C:\Exercices Excel 2003*. Récupérons-le :

Cliquez sur ce bouton dans la barre d'outils *Standard*, ou *Fichier/Ouvrir*, ou appuyez sur Ctrl-**O**.

Dans la partie gauche du dialogue qui s'affiche, cliquez sur ce bouton.

Poste de travail

- Double-clic sur l'unité de disque *C:*, puis sur le dossier *Exercices Excel 2003*
- Sélectionnez le fichier *Exercices Excel 2003 B.xls*
- Cliquez sur «Ouvrir»
- Cliquez sur l'onglet nommé *Fichier*

---

❷ CRÉER LE PREMIER TABLEAU CROISÉ

Nous désirons d'abord obtenir un récapitulatif des ventes par vendeurs et par villes.

- Placez le curseur dans la liste
- *Données/Rapport de tableau croisé dynamique*

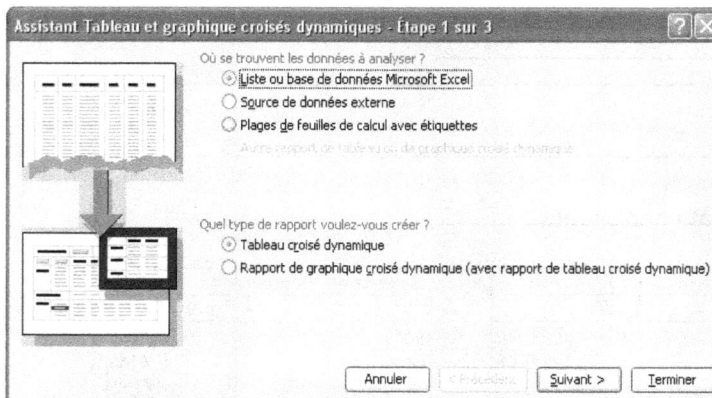

Assistant Tableau et graphique croisés dynamiques - Étape 1 sur 3

Où se trouvent les données à analyser ?
- ⦿ Liste ou base de données Microsoft Excel
- ◯ Source de données externe
- ◯ Plages de feuilles de calcul avec étiquettes
- Autre rapport de tableau ou de graphique croisés dynamique

Quel type de rapport voulez-vous créer ?
- ⦿ Tableau croisé dynamique
- ◯ Rapport de graphique croisé dynamique (avec rapport de tableau croisé dynamique)

Annuler | < Précédent | Suivant > | Terminer

- Cliquez sur «Suivant»

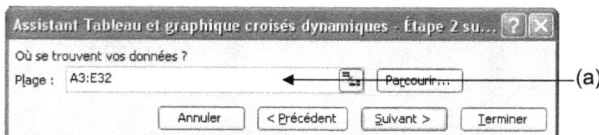

Assistant Tableau et graphique croisés dynamiques - Étape 2 su...

Où se trouvent vos données ?
Plage : A3:E32 ◄————— Parcourir... ———(a)

Annuler | < Précédent | Suivant > | Terminer

- Tapez *A3:E32* (la référence de la liste de données) en (a)

- Cliquez sur «Suivant»

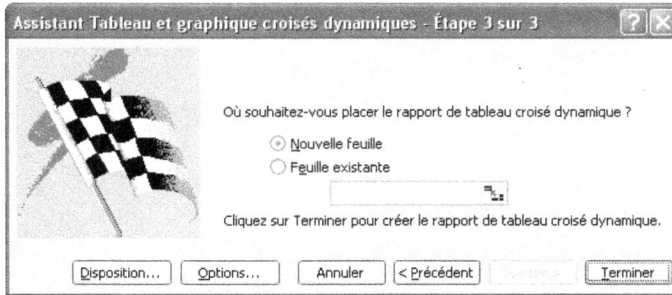

Assistant Tableau et graphique croisés dynamiques - Étape 3 sur 3

Où souhaitez-vous placer le rapport de tableau croisé dynamique ?

◉ Nouvelle feuille
○ Feuille existante

Cliquez sur Terminer pour créer le rapport de tableau croisé dynamique.

Disposition...   Options...   Annuler   < Précédent   Suivant >   Terminer

- Cliquez sur «Disposition»

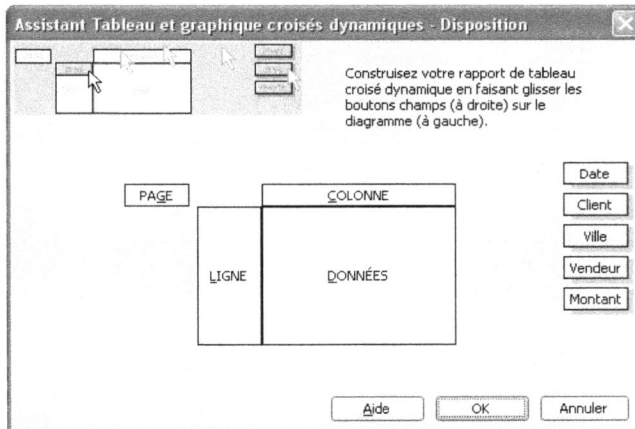

Assistant Tableau et graphique croisés dynamiques - Disposition

Construisez votre rapport de tableau croisé dynamique en faisant glisser les boutons champs (à droite) sur le diagramme (à gauche).

PAGE   COLONNE

LIGNE   DONNÉES

Date
Client
Ville
Vendeur
Montant

Aide   OK   Annuler

- Cliquez sur le bouton affichant le nom du champ dont les valeurs serviront de titre de lignes (*Vendeur*) et faîtes-le glisser dans la zone <LIGNE>
- Cliquez sur le bouton affichant le nom du champ dont les valeurs serviront de titre de colonnes (*Ville*) et faîtes-le glisser dans la zone <COLONNE>
- Cliquez sur le bouton affichant le nom du champ numérique dont on veut la somme (*Montant*) et faîtes-le glisser dans la zone <DONNÉES>

On obtient :

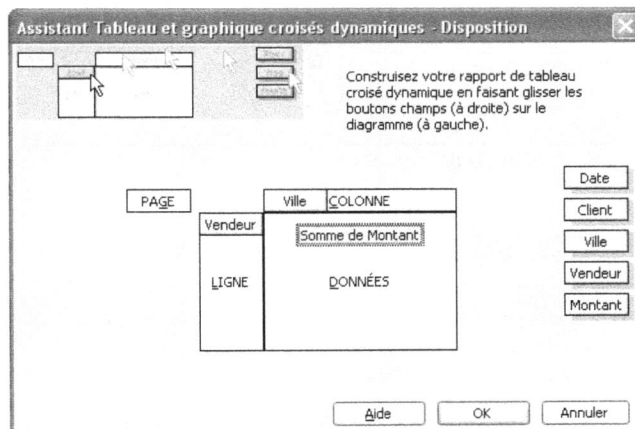

Assistant Tableau et graphique croisés dynamiques - Disposition

Construisez votre rapport de tableau croisé dynamique en faisant glisser les boutons champs (à droite) sur le diagramme (à gauche).

PAGE   Ville   COLONNE

Vendeur   Somme de Montant

LIGNE   DONNÉES

Date
Client
Ville
Vendeur
Montant

Aide   OK   Annuler

Au cas où dans la zone <DONNÉES> le bouton «Montant» ne serait pas devenu «Somme de Montant» :

- Double-clic sur ce bouton
- <Synthèse par> : sélectionnez *Somme*
- Cliquez sur «OK»

Puis,

- Cliquez sur «OK»
- Cochez ⊙*Feuille existante*
- Tapez *G3* dans la zone de saisie en dessous

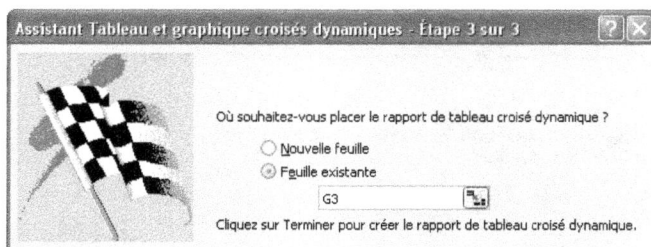

- Cliquez sur «Terminer» pour générer le tableau croisé en G3

	G	H	I	J	K	L	M	N
2								
3	Somme de Montant	Ville ▼						
4	Vendeur ▼	Lyon	Marseille	Paris	Reims	Rouen	Toulouse	Total
5	Durand			852150		126000		978150
6	Martin		212000			143000	284700	639700
7	Morel	222400			801300			1023700
8	Total	222400	212000	852150	801300	269000	284700	2641550
9								

❸ CRÉER LE SECOND TABLEAU

Nous souhaitons obtenir un récapitulatif des ventes par villes, puis isoler les villes du Nord dans un tableau distinct.

- Placez le curseur dans la liste de données
- *Données/Rapport de tableau croisé dynamique*
- Cliquez sur «Suivant»

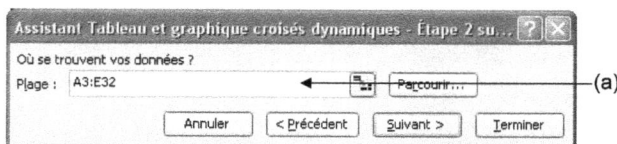

- Tapez A3:E32 (la référence de la liste de données) en (a)
- Cliquez sur «Suivant»

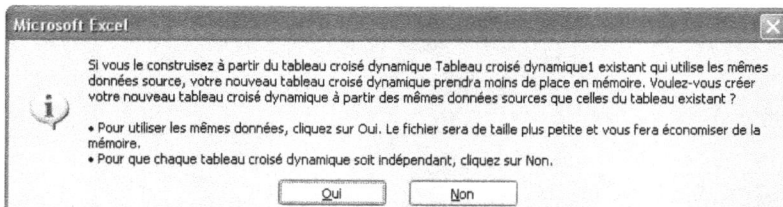

- Cliquez sur «Oui» pour économiser de la mémoire

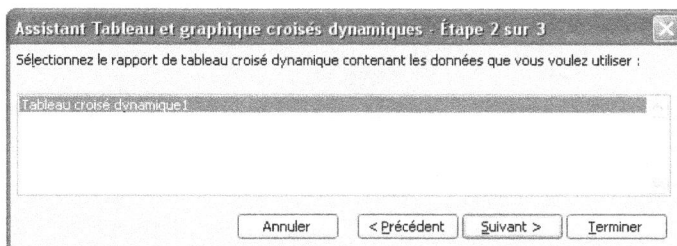

Assistant Tableau et graphique croisés dynamiques - Étape 2 sur 3

Sélectionnez le rapport de tableau croisé dynamique contenant les données que vous voulez utiliser :

Tableau croisé dynamique1

Annuler   < Précédent   Suivant >   Terminer

- Cliquez sur «Suivant»

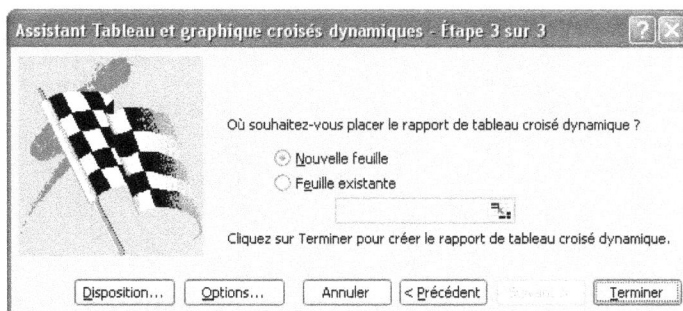

Assistant Tableau et graphique croisés dynamiques - Étape 3 sur 3

Où souhaitez-vous placer le rapport de tableau croisé dynamique ?

○ Nouvelle feuille
○ Feuille existante

Cliquez sur Terminer pour créer le rapport de tableau croisé dynamique.

Disposition...   Options...   Annuler   < Précédent   Suivant >   Terminer

- Cliquez sur «Disposition»
- Cliquez sur le bouton affichant le nom du champ dont les valeurs serviront de titre de lignes (*Ville*) et faîtes-le glisser dans la zone <LIGNE>
- Cliquez sur le bouton affichant le nom du champ numérique dont on veut la somme (*Montant*) et faîtes-le glisser dans la zone <DONNÉES>

Au cas où dans la zone <DONNÉES> le bouton «Montant» ne serait pas devenu «Somme de Montant» :

- Double-clic sur ce bouton
- <Synthèse par> : sélectionnez *Somme*
- Cliquez sur «OK»

On doit obtenir :

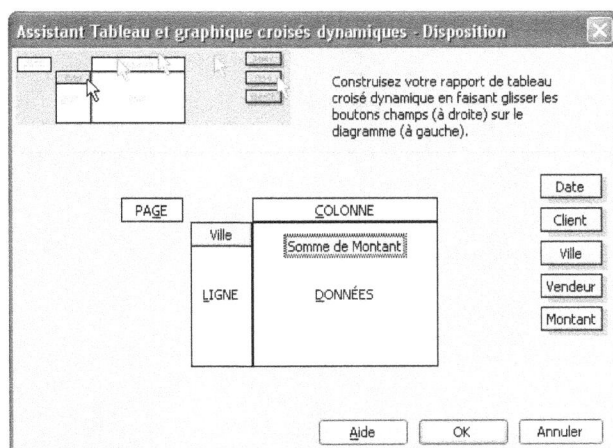

Assistant Tableau et graphique croisés dynamiques - Disposition

Construisez votre rapport de tableau croisé dynamique en faisant glisser les boutons champs (à droite) sur le diagramme (à gauche).

PAGE   COLONNE   Date
        Ville   Client
              Somme de Montant   Ville
        LIGNE   DONNÉES   Vendeur
                                         Montant

Aide   OK   Annuler

- Cliquez sur «OK»

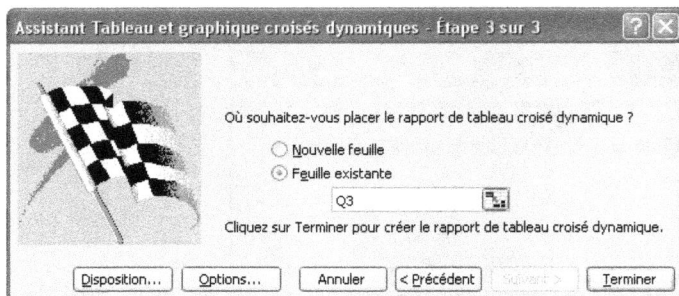

Assistant Tableau et graphique croisés dynamiques - Étape 3 sur 3

Où souhaitez-vous placer le rapport de tableau croisé dynamique ?

○ Nouvelle feuille
◉ Feuille existante

Q3

Cliquez sur Terminer pour créer le rapport de tableau croisé dynamique.

[Disposition...] [Options...] [Annuler] [< Précédent] [Suivant >] [Terminer]

- Cochez ○ *Feuille existante*
- Tapez *Q3* dans la zone de saisie en dessous
- Cliquez sur «Terminer» pour générer le tableau croisé en Q3

On doit obtenir :

	Q	R
2		
3	Somme de Montant	
4	Ville ▼	Total
5	Lyon	222400
6	Marseille	212000
7	Paris	852150
8	Reims	801300
9	Rouen	269000
10	Toulouse	284700
11	Total	2641550
12		

Appliquons le format monétaire à la colonne affichant les montants.
- Placez le curseur dans la colonne du tableau affichant les chiffres

 Cliquez sur ce bouton dans la barre d'outils *Tableau croisé dynamique*.

- Cliquez sur «Nombre»

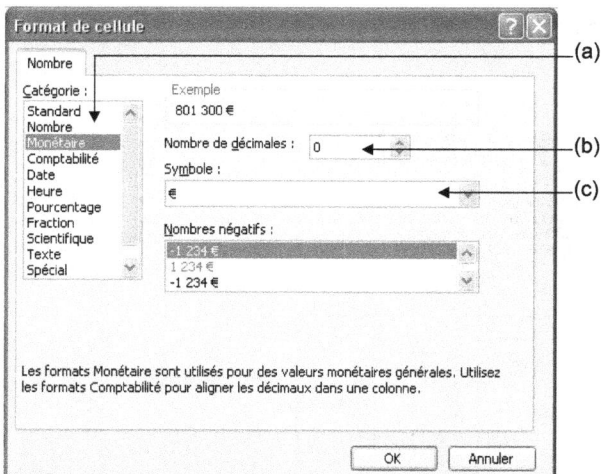

Format de cellule

Nombre

Catégorie :
Standard
Nombre
Monétaire
Comptabilité
Date
Heure
Pourcentage
Fraction
Scientifique
Texte
Spécial

Exemple
801 300 €

Nombre de décimales : 0

Symbole :
€

Nombres négatifs :
-1 234 €
1 234 €
-1 234 €

Les formats Monétaire sont utilisés pour des valeurs monétaires générales. Utilisez les formats Comptabilité pour aligner les décimaux dans une colonne.

[OK] [Annuler]

(a)
(b)
(c)

- Sélectionnez *Monétaire* en (a)
- Tapez *0* en (b)
- Sélectionnez le symbole de l'euro en (c)
- Cliquez sur «OK» deux fois

Isolons maintenant les villes du Nord dans un tableau distinct en y masquant les villes de Lyon, Marseille et Toulouse :

- Sélectionnez le tableau : la plage Q3:R11 (faîtes cette sélection en cliquant sur la cellule R11 et en faisant glisser jusqu'à la cellule Q3)

Cliquez sur ce bouton dans la barre d'outils *Standard*, ou *Edition/Copier*, ou appuyez sur ⌜Ctrl⌟-**C**.

- Placez le curseur en T3
- Appuyez sur ⌜⏎⌟ pour récupérer une copie du tableau
- Cliquez sur la flèche associée au terme *Ville*

- Dans cette liste, décochez les cases associées à *Lyon*, *Marseille* et *Toulouse*
- Cliquez sur «OK»

On obtient :

	T	U
2		
3	Somme de Montant	
4	Ville ▾	Total
5	Paris	852 150 €
6	Reims	801 300 €
7	Rouen	269 000 €
8	Total	1 922 450 €
9		

❹ CRÉER LE TROISIÈME TABLEAU

Pour terminer, nous souhaitons un récapitulatif des ventes par clients, en valeur et également en pourcentage.

- Placez le curseur dans la liste de données
- *Données/Rapport de tableau croisé dynamique*
- Cliquez sur «Suivant»

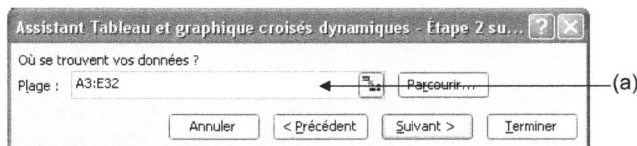

(a)

- Tapez A3:E32 en (a), à la place de ce qui est affiché
- Cliquez sur «Suivant»

Un message s'affiche.

- Cliquez sur «Oui»

Un dialogue s'affiche.

- Cliquez sur «Suivant»
- Cliquez sur «Disposition»

- Cliquez sur le bouton «Client» et faîtes-le glisser dans la zone <LIGNE>
- Cliquez sur le bouton «Montant» et faîtes-le glisser dans la zone <DONNÉES>

Au cas où dans la zone <DONNÉES> le bouton «Montant» ne serait pas devenu «Somme de Montant» :

- Double-clic sur ce bouton
- <Synthèse par> : sélectionnez *Somme*
- Cliquez sur «OK»

On obtient :

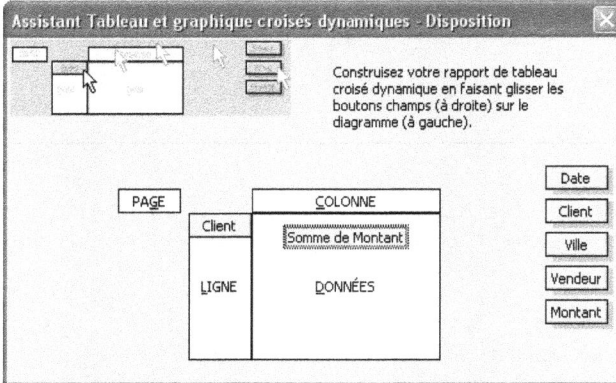

Puis,
- Cliquez sur «OK»
- Cochez ○*Feuille existante*
- Tapez *G12* dans la zone de saisie en dessous

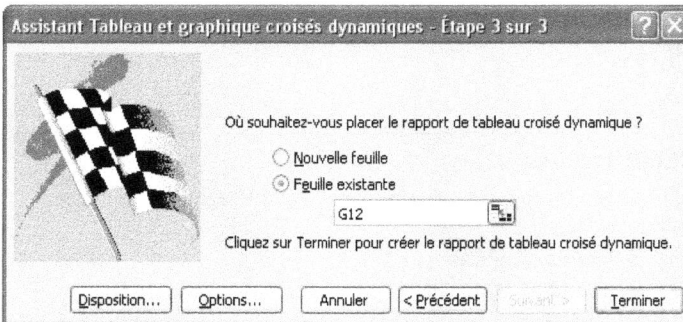

- Cliquez sur «Terminer» pour générer le tableau croisé en G12

	G	H
11		
12	Somme de Montant	
13	Client ▾	Total
14	AMT	487900
15	Bolor Sarl	143000
16	Champagnes Fols	437400
17	JBM Consultant	126000
18	Keops	98200
19	Marval	364250
20	SysLog	586300
21	Valeor	398500
22	Total	2641550
23		

Appliquons le format monétaire aux montants

- Placez le curseur dans la colonne du tableau affichant les chiffres

Cliquez sur ce bouton dans la barre d'outils *Tableau croisé dynamique*.

- Cliquez sur «Nombre»
- Sélectionnez *Monétaire* en (a)
- Tapez *0* en (b)

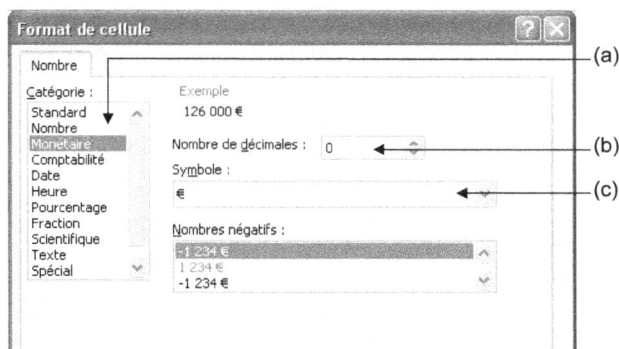

(a)
(b)
(c)

- Sélectionnez le symbole € en (c)
- Cliquez sur «OK» deux fois

Demandons les pourcentages en recopiant le tableau à côté

- Sélectionnez le tableau : la plage G12:H22 (faîtes cette sélection cliquant sur la cellule H22 et en faisant glisser jusqu'à la cellule G12)

Cliquez sur ce bouton dans la barre d'outils *Standard*, ou *Edition/Copier*, ou appuyez sur Ctrl -**C**.

- Placez le curseur en G25
- Appuyez sur ⏎ pour récupérer le tableau
- Cliquez en H27

Cliquez sur ce bouton dans la barre d'outils *Tableau croisé dynamique*.

- Cliquez sur «Options»

(a)

- Sélectionnez *% du total* en (a)
- Cliquez sur «OK»
- *Format/Colonne/Largeur*
- Tapez *11*
- Cliquez sur «OK»

On obtient :

	G	H
24		
25	Somme de Montant	
26	Client ▼	Total
27	AMT	18,47%
28	Bolor Sarl	5,41%
29	Champagnes Fols	16,56%
30	JBM Consultant	4,77%
31	Keops	3,72%
32	Marval	13,79%
33	SysLog	22,20%
34	Valeor	15,09%
35	Total	100,00%
36		

---

❺ CRÉER UN GRAPHIQUE CROISÉ

Nous allons illustrer d'un graphique croisé le premier tableau afin de mieux visualiser la répartition géographique des ventes de chaque vendeur.

- Placez le curseur dans le premier tableau croisé que nous avons créé

Cliquez sur ce bouton dans la barre d'outils *Tableau croisé dynamique*.

Le graphique est généré dans une nouvelle feuille de calcul nommée *Graph1*, juste avant la feuille contenant la liste de données.

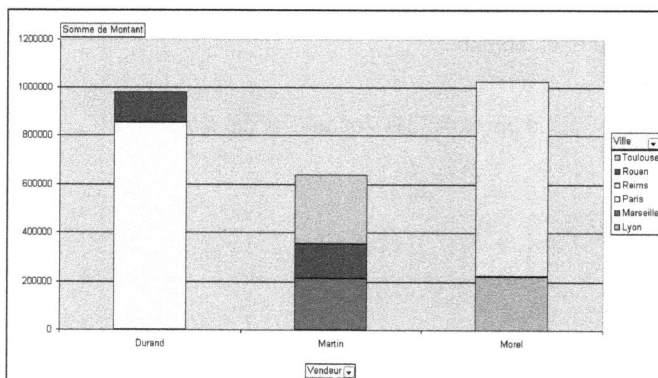

Ce graphique est dynamique : à l'aide des flèches associées aux boutons «Vendeur» et «Ville», on peut masquer certains éléments, et en double-cliquant sur le bouton «Somme de Montant» on peut modifier le type du calcul.

---

❻ POUR TERMINER

Cliquez sur ce bouton dans la barre d'outils *Standard* pour enregistrer le classeur.

- *Fichier/Fermer*

CAS 15 : IMAGES, PAGES WEB ET E-MAIL

CAC40 - Wanadoo

Fichier   Edition   Affichage   Favoris   Outils   ?

Adresse C:\Documents and Settings\Joe Martin\Local Settings\Temporary Internet Files\Content.MSO\Exce   OK   Liens

CA c40

Détail de sa composition (en %)

ACCOR	0,7093	LAGARDERE	0,835
AEROSPATIALE MATR.	0,6725	LEGRAND ORD.	0,3966
AGF	0,8164	LVMH MOET VUITTON	3,3467
AIR LIQUIDE	1,0056	MICHELIN	0,3449
ALCATEL	7,7891	OREAL	4,7436
ALSTOM	0,4764	PEUGEOT	0,7829
AVENTIS	5,4557	PINAULT PRINTEMPS	1,9864
AXA	4,9601	RENAULT	0,9311
BNP PARIBAS	3,5825	SAINT-GOBAIN	0,9868
BOUYGUES	1,6247	SANOFI SYNTHELABO	3,4443
CANAL +	1,7235	SCHNEIDER ELECTRIC	0,9053
CAP GEMINI	2,1317	SOCIETE GENERALE A	2,1554
CARREFOUR	4,7415	SODEXHO ALLIANCE	0,5027
CASINO GUICHARD	0,733	STMICROELEC.SICO.	4,4013
CCF	0,9363	SUEZ LYON.DES EAUX	2,7655
CREDIT LYONNAIS	1,1618	TF1	1,2923
DEXIA SICO.	1,2846	THOMSON MULTIMEDIA	1,2439
EADS	1,1598	THOMSON-CSF	0,6314
EQUANT SICO.	0,6932	TOTAL FINA ELF	9,9173
FRANCE TELECOM	11,5789	VALEO	0,3223
GROUPE DANONE	1,931	VIVENDI	4,1986
LAFARGE	0,7035		

Principaux indices au 26/11/2003

CAC 40	26/11/2003	
	10:13:55	6293,74

Variation

/Veille	/Liquidation	/31.12.2000
-0,67	0,56	5,63

Rentabilité

Nette	Globale
802174	904889

Indicateurs

Hausse	Baisse	Inchangé
15	18	7

Pour en savoir plus sur La Bourse

Les dix meilleurs résultats

Terminé   Internet

Un document au format HTML (une page Web) a la particularité de pouvoir être lu par des personnes ne disposant pas d'Excel puisqu'un navigateur Web est capable de l'afficher. Une feuille de calcul ou un classeur Excel peut être enregistré au format HTML (extension .htm) sans perte d'information.

Nous allons récupérer une feuille de calcul traitant du CAC40, l'agrémenter de quelques images et de liens hypertexte, puis l'enregistrer localement comme une page Web.

Si votre poste et le réseau auquel vous êtes connecté le permettent, nous publierons également cette page Web sur un serveur intranet afin de la mettre à la disposition des autres utilisateurs. Pour terminer, nous enverrons la feuille de calcul par messagerie.

---

❶ OUVRIR LE CLASSEUR

Les données correspondant à ce tableau ont déjà été saisies dans le classeur *Exercices Excel 2003 B.xls*, présent dans le dossier *C:\Exercices Excel 2003*. Récupérons-le :

Cliquez sur ce bouton dans la barre d'outils *Standard*, ou *Fichier/Ouvrir*, ou appuyez sur Ctrl-**O**.

Poste de travail Dans la partie gauche du dialogue qui s'affiche, cliquez sur ce bouton.

- Double-clic sur l'unité de disque *C:*, puis sur le dossier *Exercices Excel 2003*
- Sélectionnez le fichier *Exercices Excel 2003 B.xls*
- Cliquez sur «Ouvrir»
- Cliquez sur l'onglet *CAC40*

C'est cette feuille de calcul que nous allons agrémenter de quelques objets, puis convertir et enregistrer en tant que page Web.

---

❷ INSÉRER DES IMAGES

Nous allons insérer sur cette feuille une image enregistrée sur votre disque dur, puis une autre issue de la Bibliothèque multimédia, une série d'illustrations livrée avec Office.

Insérons une image à partir d'un fichier

Il s'agit de l'image du drapeau français que nous allons placer à gauche et à droite du bandeau servant de titre à la page.

- Sélectionnez la cellule A1
- *Insertion/Image/À partir du fichier*

Poste de travail Dans la partie gauche du dialogue qui s'affiche, cliquez sur ce bouton.

- Double-clic sur l'unité de disque *C:*, puis sur le dossier *Exercices Excel 2003*
- Sélectionnez le fichier *Drapeau.jpg*
- Cliquez sur «Insérer»

L'image du drapeau apparaît sur la feuille de calcul.

- Réduisez légèrement sa taille en faisant glisser les poignées qui l'entourent

- Cliquez sur l'image et faîtes-la glisser pour la positionner au début du bandeau
- Maintenez appuyée la touche ⌊Ctrl⌋ pour effectuer une copie, puis cliquez sur l'image du drapeau et faîtes-la glisser à l'autre extrémité du bandeau afin d'en placer un second exemplaire à cet endroit

Insérons une image à partir de la Bibliothèque multimédia

Il s'agit d'une image que nous allons placer à droite des quatre petits tableaux dans la seconde partie de la page.

- Sélectionnez la cellule D33
- *Insertion/Image/Images clipart*

Le volet Office *Images clipart* s'affiche :

- Tapez *argent* en (a) et appuyez sur ⏎

Excel recherche les images associées au mot-clé *argent* et les affiche dans le volet.

Remarque : pour accélérer la recherche, vous pouvez réduire le nombre de collections pour la recherche en supprimant une ou plusieurs de ces collections en (b). Vous pouvez aussi limiter le nombre des types de médias renvoyés (omettre les sons par exemple) en supprimant un ou plusieurs types de média en (c). Vous pouvez afficher et gérer votre Bibliothèque multimédia en cliquant sur le lien (d). Vous pouvez aussi cliquer sur le lien (e) pour télécharger des clipart et les ajouter dans votre dossier *Mes Collection\Images téléchargées*.

Parmi la sélection d'images qui s'affiche, cliquez sur celle-ci (ou une autre si elle n'apparaît pas) pour l'insérer dans la feuille de calcul.

- Cliquez sur la case de fermeture du volet Office pour le masquer
- Augmentez un peu la taille de l'image en faisant glisser les poignées qui l'entourent
- Cliquez sur l'image et faîtes-la glisser pour la placer à la position souhaitée

❸ INSÉRER DES LIENS HYPERTEXTE

Un lien hypertexte donne un accès immédiat à un autre classeur, à un document créé à l'aide d'une autre application, à une page Web, à un autre emplacement dans le classeur en cours, à un nouveau classeur, ou encore à une adresse e-mail.

Créons un lien vers une page Web (le site http://www.bourse-de-paris.fr)
- Placez le curseur là où le lien doit apparaître, en A48

Cliquez sur ce bouton dans la barre d'outils *Standard*, ou *Insertion/Lien hypertexte*, ou appuyez sur [Ctrl]-**K**.

Cliquez successivement sur chacun de ces boutons dans le dialogue affiché.

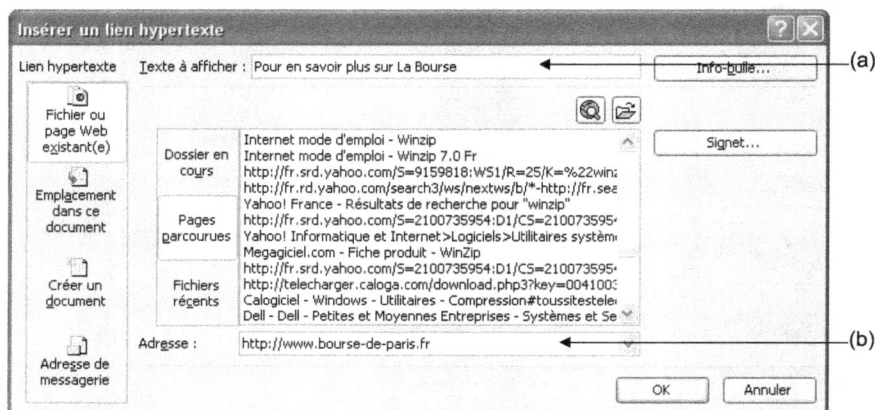

(a)
(b)

- Tapez *Pour en savoir plus sur La Bourse* en (a)
- Tapez *http://www.bourse-de-paris.fr* en (b)
- Cliquez sur «OK»

Créons un lien vers une autre feuille du classeur en cours (la dernière)
- Placer le curseur là où le lien doit apparaître, en A50

Cliquez sur ce bouton dans la barre d'outils *Standard*, ou *Insertion/Lien hypertexte*, ou appuyez sur [Ctrl]-**K**.

Cliquez sur ce bouton dans le dialogue affiché.

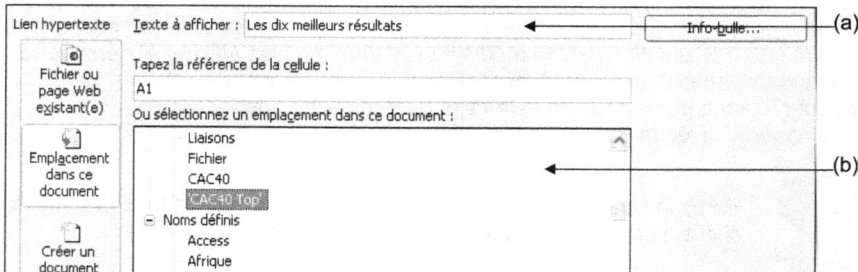

(a)
(b)

- Tapez *Les dix meilleurs résultats* en (a)
- Sélectionnez en (b) le nom de la feuille vers laquelle doit pointer le lien : *CAC40 Top*
- Cliquez sur «OK»

❹ APERÇU DE LA PAGE WEB

Pour visualiser un aperçu du classeur dans votre navigateur Web.

- *Fichier/Aperçu de la page Web*

Internet Explorer (ou un autre navigateur) est lancé et le classeur est affiché :

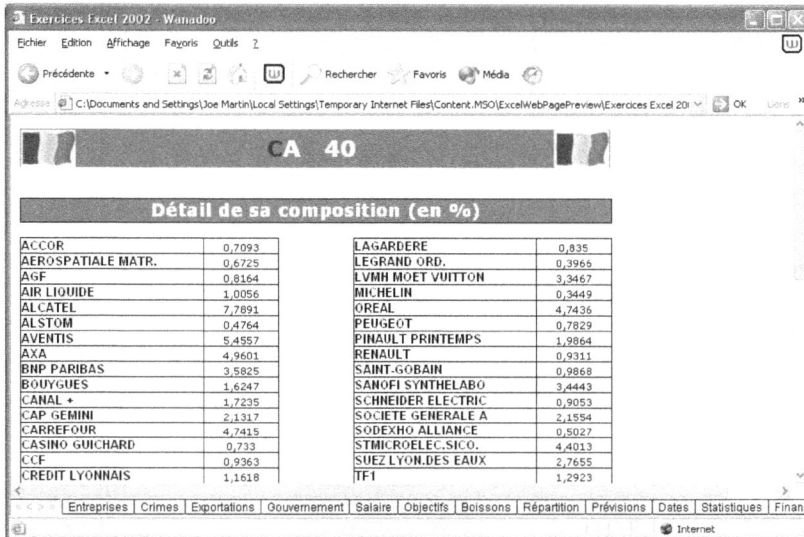

Vous pouvez cliquer sur les liens hypertexte que vous avez créés afin de vérifier qu'ils fonctionnent.

- *Fichier/Fermer* pour terminer

---

❺ ENREGISTRER LA FEUILLE CAC40 COMME UNE PAGE WEB

- *Fichier/Enregistrer en tant que Page Web*

 Dans la partie gauche du dialogue qui s'affiche, cliquez sur ce bouton.

- Double-clic sur l'unité de disque *C:*, puis sur le dossier *Exercices Excel 2003*

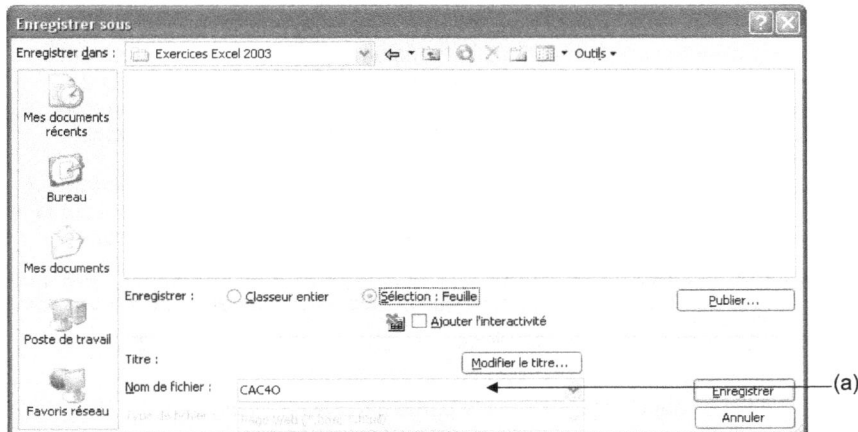

- Tapez *CAC40* en (a)
- Cochez ◯ *Sélection* : *Feuille*
- Cliquez sur «Modifier le titre»

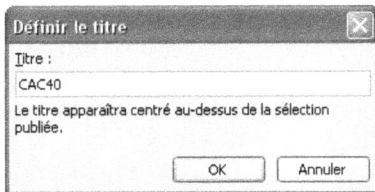

- Tapez le titre qui s'affichera dans la barre de titre du navigateur : *CAC40*
- Cliquez sur «OK»
- Cliquez sur «Enregistrer»

Pour vérifier le résultat, ouvrons la page créée dans Internet Explorer
- Lancez Internet Explorer
- *Fichier/Ouvrir*

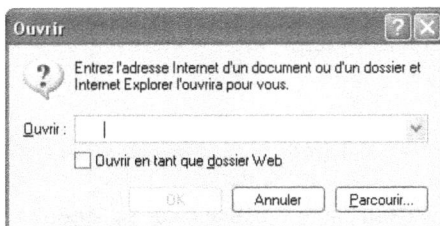

- Cliquez sur «Parcourir»
- Sélectionnez le dossier *C:\Exercices Excel 2003* si ce n'est pas le dossier affiché
- Sélectionnez le fichier *CAC40.htm*
- Cliquez sur «Ouvrir», puis sur «OK»

La page Web s'affiche.
- *Fichier/Fermer* pour terminer

---

❻ PUBLICATION DE LA FEUILLE SUR UN SERVEUR WEB

Si votre entreprise est équipée d'un serveur intranet (serveur de fichier utilisant le protocole TCP/IP et distribuant des documents au format HTML), vous pouvez y enregistrer des pages Web créées avec Excel (on parle de publication) et consulter les documents qui s'y trouvent. On peut publier dans un dossier Web un classeur entier, une feuille de calcul, une plage de cellules ou un tableau croisé dynamique. L'une des particularités de cette méthode est que les autres utilisateurs de l'intranet pourront consulter ces documents avec leur navigateur Web et n'ont pas besoin d'Excel.

 Les raccourcis vers des dossiers Web doivent être créés en cliquant sur l'icône *Favori réseau* sur le bureau de Windows, puis en cliquant sur le lien *Ajouter un favori réseau* et en suivant les instructions de l'assistant.

Pour cette partie de l'exercice, vous devez pouvoir accéder à au moins un dossier partagé sur un serveur intranet, et un raccourci vers ce dossier doit avoir été créé sur votre poste.

- *Fichier/Enregistrer en tant que Page Web*

 Cliquez sur ce bouton dans la partie gauche du dialogue.

- Cochez ○*Republier* : *Feuille*, car la feuille a déjà été publiée
- Double-clic sur le nom du raccourci vers le dossier Web de votre choix

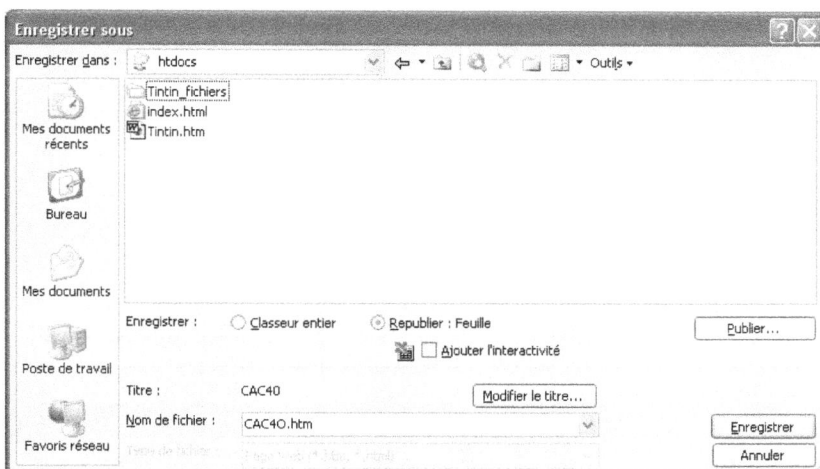

- Cliquez sur «Publier»

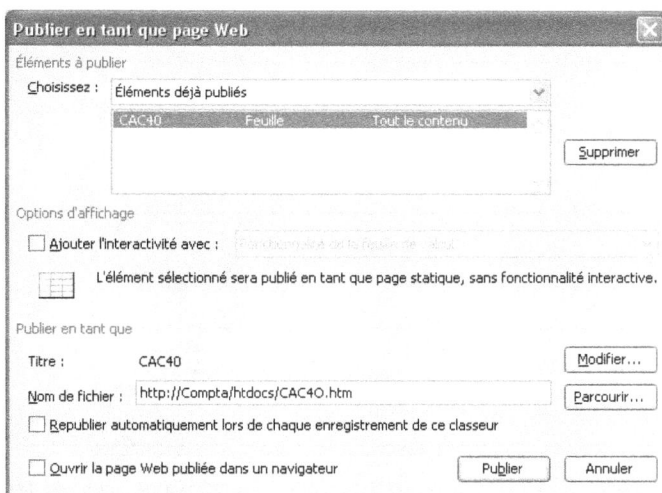

- Cochez ⊠*Ouvrir la page publiée dans un navigateur*
- Cliquez sur «Publier»

Le document est alors enregistré dans le dossier Web choisi et ouvert dans votre navigateur Web.

- *Fichier/Fermer* pour quitter votre navigateur Web
- Cliquez dans une cellule quelconque de la feuille Excel pour annuler la sélection

Pour vérifier le résultat, ouvrons la page dans Internet Explorer

- Lancez Internet Explorer
- Dans la zone d'adresse, tapez l'adresse de la page (cette adresse dépend du nom du serveur intranet et du dossier Web dans lequel la page a été enregistrée. Elle est généralement du type *http://serveur/dossier/CAC40.htm*)

La page Web s'affiche.

- *Fichier/Fermer* pour terminer

❼ ENVOYER UN MESSAGE

Vous pouvez envoyer un message directement à partir d'Excel de façon à transmettre la totalité d'un classeur en pièce jointe ou le contenu d'une feuille de calcul dans le corps du message. Vous allez vous envoyer à vous-même la feuille de calcul en cours.

Cliquez sur ce bouton dans la barre d'outils *Standard*.

○ Envoyer le classeur entier en tant que pièce jointe

◉ Envoyer la feuille active en tant que corps du message

- Cochez ○*Envoyer la feuille active en tant que corps du message*
- Cliquez sur «OK»

Si l'on envoie le classeur entier, Excel lance votre programme de messagerie. Si l'on envoie uniquement une feuille de calcul, une nouvelle barre d'outils s'affiche.

(a)
(b)

- Saisissez le nom ou l'adresse du destinataire en (a) : s'il y en a plusieurs, séparez-les avec des virgules ou des points-virgules
- Tapez un objet en (b)

Envoyer cette feuille ┃ Cliquez sur ce bouton.

---

❽ POUR TERMINER

Cliquez sur ce bouton dans la barre d'outils *Standard* pour enregistrer le classeur.

- *Fichier/Fermer*

CAS 16 : GESTION DES CLASSEURS

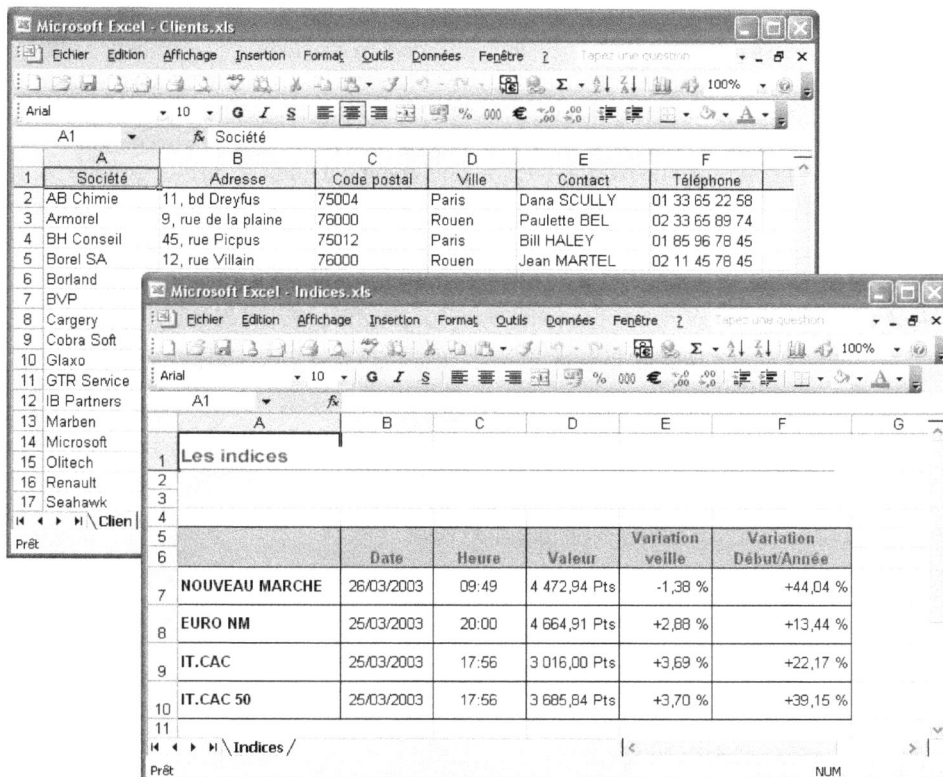

Mais où est donc passé ce classeur ?

Comment le renommer ou le supprimer ?

Comment en faire une copie sur une disquette ?

Nous allons voir comment protéger à l'aide d'un mot de passe un classeur au contenu sensible, comment retrouver un classeur égaré, puis comment gérer et manipuler des classeurs existants.

❶ PROTÉGER UN CLASSEUR À L'AIDE D'UN MOT DE PASSE

Nous allons associer un mot de passe au classeur *Exercices Excel 2003 B*.

Cliquez sur ce bouton dans la barre d'outils *Standard*, ou *Fichier/Ouvrir*, ou appuyez sur Ctrl-**O**.

Poste de travail   Dans la partie gauche du dialogue qui s'affiche, cliquez sur ce bouton.

- Double-clic sur l'unité de disque *C:*, puis sur le dossier *Exercices Excel 2003*
- Sélectionnez le fichier *Exercices Excel 2003 B.xls*
- Cliquez sur «Ouvrir»
- *Fichier/Enregistrer sous*
- Cliquez sur «Outils» dans la barre d'outils, puis sur *Options générales*

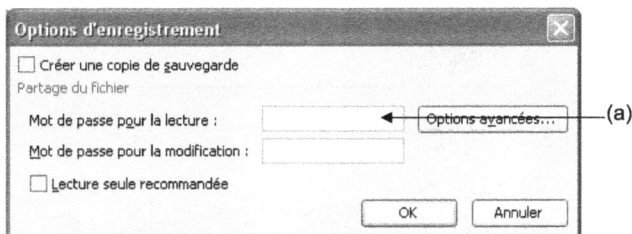

Options d'enregistrement

☐ Créer une copie de sauvegarde
Partage du fichier

Mot de passe pour la lecture :   ◄── Options avancées... ──(a)
Mot de passe pour la modification :
☐ Lecture seule recommandée

OK   Annuler

- Tapez en (a) le mot de passe nécessaire pour pouvoir ouvrir le classeur, par exemple votre nom (faîtes attention car Excel fait la différence entre les majuscules et les minuscules)
- Cliquez sur «OK»

Confirmer le mot de passe

Mot de passe:

- A la demande d'Excel, retapez le mot de passe
- Cliquez sur «OK»
- Cliquez sur «Enregistrer»
Un message demande confirmation.
- Cliquez sur «Oui»
- *Fichier/Fermer*
- Afin de vérifier que le classeur est maintenant protégé par un mot de passe, ouvrez-le à nouveau

❷ RECHERCHER UN CLASSEUR

Premier exemple : recherche à partir du nom de fichier

Nous ne retrouvons plus un classeur contenant diverses données géographiques sur la France. Sachant que nous nous souvenons que son nom comporte le mot *France*, recherchons-le sur la totalité du disque dur C:.

- *Fichier/Recherche de fichiers*

Le volet Office *Recherche de fichiers* s'affiche.

- Si dans la partie inférieure du volet Office le lien *Recherche de fichiers avancée* apparaît, cliquez dessus
- Cliquez sur «Supprimer tout»
- Sélectionnez *Nom de fichier* en (a)

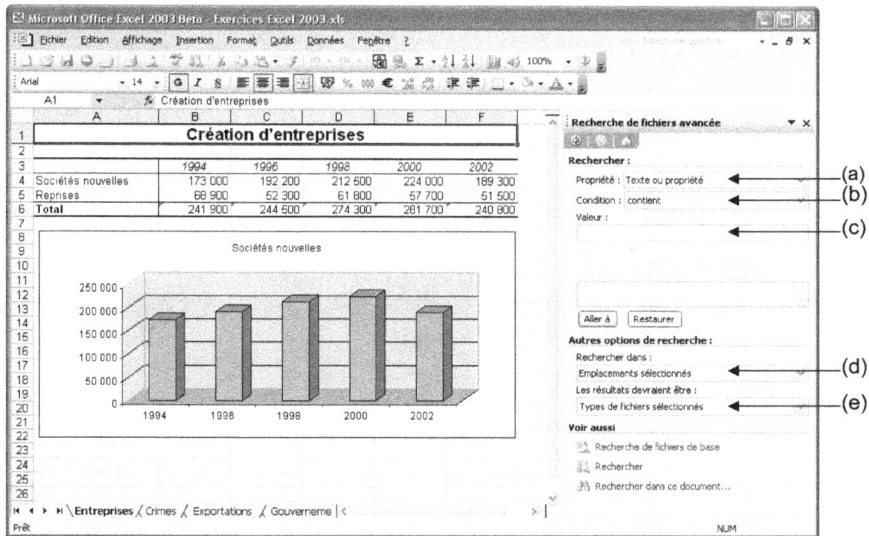

- Sélectionnez *Contient* en (b)
- Tapez *France* en (c)
- Cliquez sur «Ajouter» dans le volet Office
- Déroulez la liste (d), développez le contenu du Poste de Travail, cochez *(C:)*, puis cliquez à nouveau sur *(C:)* pour que la recherche se fasse aussi dans ses sous-dossiers

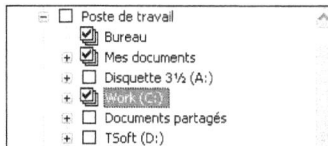

- Déroulez la liste (e) et cochez uniquement *Fichiers Excel*

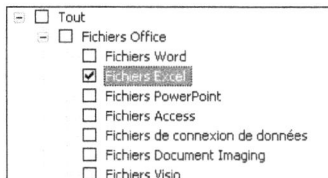

- Cliquez sur «OK» dans le volet Office

La recherche démarre. Elle peut prendre quelques minutes. Une fois qu'elle est achevée, le volet Office affiche la liste des classeurs Excel trouvés :

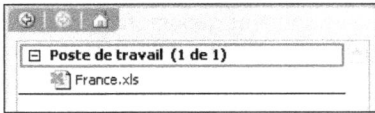

- Dans la liste des résultats de la recherche cliquez sur *France.xls* pour ouvrir ce classeur
- Fermez le volet Office
- *Fichier/Fermer* pour fermer le classeur *France.xls*

Deuxième exemple : recherche à partir d'un mot présent dans le classeur

Nous ne retrouvons plus un classeur contenant des données géographiques sur la France. Sachant que nous savons qu'il contient le terme *Mont Blanc* et qu'il doit se trouver dans le dossier *C:\Exercices Excel 2003* ou l'un de ses sous-dossiers, recherchons-le.

- *Fichier/Recherche de fichiers*

Le volet Office *Recherche de fichiers* s'affiche.

- Si dans la partie inférieure du volet Office le lien *Recherche de fichiers avancée* apparaît, cliquez dessus
- Cliquez sur «Supprimer tout»
- Sélectionnez *Contenu* en (a)

- Sélectionnez *contient* en (b)
- Tapez *Mont Blanc* en (c)
- Cliquez sur «Ajouter» dans le volet Office
- Déroulez la liste (d), développez le contenu du Poste de Travail, cochez *(C:)*, puis cliquez à nouveau sur *(C:)* pour que la recherche se fasse aussi dans ses sous-dossiers

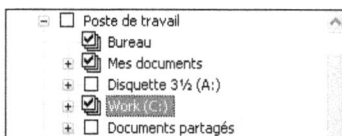

- Déroulez la liste (e) et cochez uniquement *Fichiers Excel*

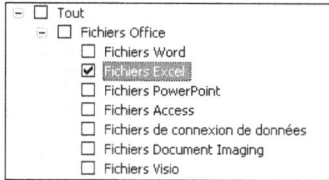

- Cliquez sur «OK» dans le volet Office

La recherche démarre. Elle peut prendre quelques minutes. Une fois qu'elle est achevée, le volet Office affiche la liste des classeurs Excel trouvés :

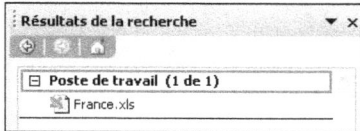

- Dans la liste des résultats de la recherche cliquez sur *France.xls* pour ouvrir ce classeur
- Fermez le volet Office
- *Fichier/Fermer* pour fermer le classeur *France.xls*

---

❸ GÉRER LES CLASSEURS

Nous allons effectuer diverses manipulations sur les classeurs présents dans le dossier *C:\Exercices Excel 2003*.

 Cliquez sur ce bouton dans la barre d'outils *Standard*, ou *Fichier/Ouvrir*, ou appuyez sur [Ctrl]-**O**.

 Dans la partie gauche du dialogue qui s'affiche, cliquez sur ce bouton.

- Double-clic sur l'unité de disque *C:*, puis sur le dossier *Exercices Excel 2003*

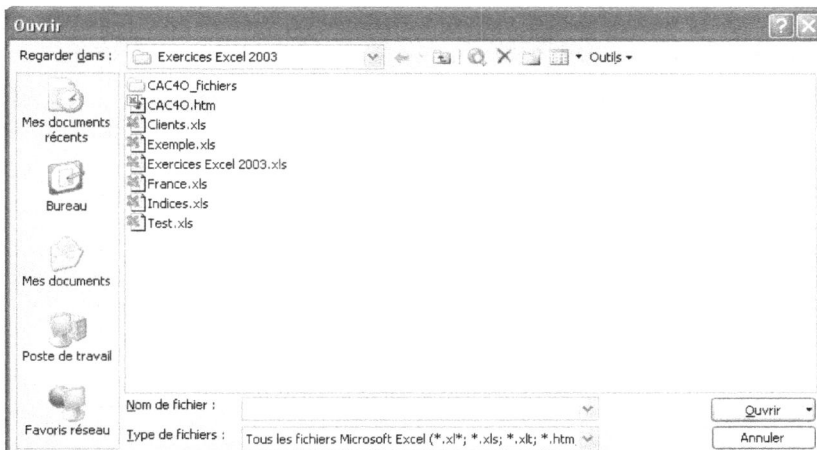

Renommons le classeur France.xls

- Sélectionnez le classeur *France.xls*
- Clic-droit sur son nom, puis cliquez sur *Renommer*

- Tapez un nouveau nom : *Géographie française.xls*
- Appuyez sur ⏎

Supprimons le classeur Indices.xls
- Sélectionnez le classeur *Indices.xls*
- Clic-droit sur son nom, puis cliquez sur *Supprimer*

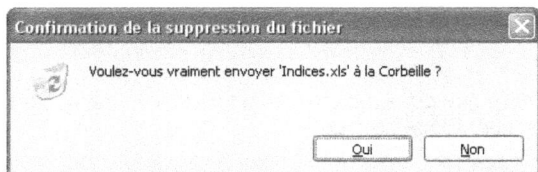

- Cliquez sur «Oui»

Dupliquons le classeur Clients.xls
- Sélectionnez le classeur *Clients.xls*
- Clic-droit sur son nom, puis cliquez sur *Copier*
- Clic-droit dans un espace vide du dialogue, puis cliquez sur *Coller*

Une copie est créée dans le même dossier et sous le nom *Copie de Clients.xls*

Copions le classeur Clients.xls sur une disquette
- Insérez une disquette dans le lecteur de disquettes de votre poste
- Sélectionnez le classeur *Clients.xls*
- Clic-droit sur son nom, puis cliquez sur *Envoyer vers/Disquette 3½ (A:)*
- Une fois la copie achevée, cliquez sur «Annuler» pour fermer le dialogue

---

❹ IMPORTER ET EXPORTER DES DONNÉES

Nous allons importer dans une feuille de calcul des données enregistrées dans un fichier texte, puis exporter le résultat dans le format d'un autre tableur, Lotus 1-2-3 par exemple.

Importons le fichier texte
Il s'agit d'une liste de produits enregistrée dans un fichier au format Texte délimité, l'un des formats les plus courants pour transférer des données entre deux applications.

- Fermez le classeur affiché s'il y en a un

 Créez un nouveau classeur : cliquez sur ce bouton dans la barre d'outils *Standard*, ou appuyez sur ⌐Ctrl⌐-**N**.

- *Données/Données externes/Importer des données*

 Dans la partie gauche du dialogue qui s'affiche, cliquez sur ce bouton.

- Double-clic sur l'unité de disque *C:*, puis sur le dossier *Exercices Excel 2003*
- Sélectionnez le fichier *Produits.txt*
- Cliquez sur «Ouvrir»

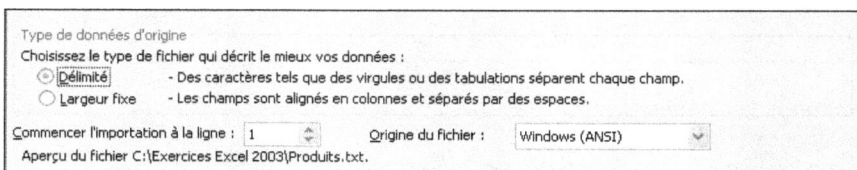

- Cochez ⭘*Délimité*
- Cliquez sur «Suivant»

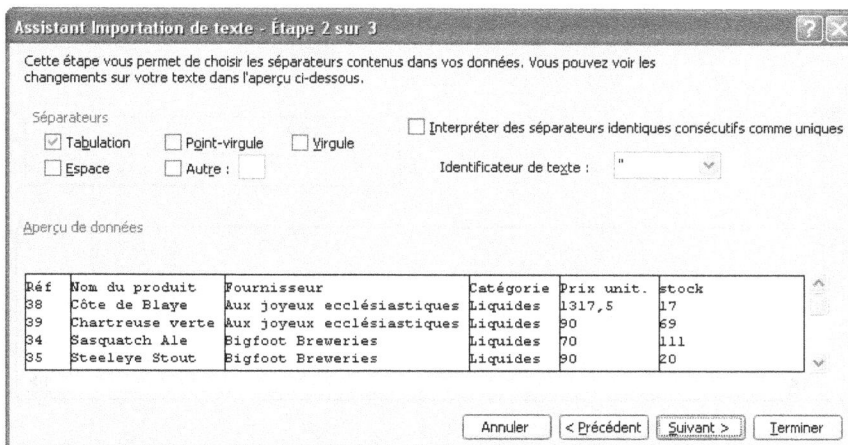

- Indiquez le caractère utilisé comme séparateur en cochant ☒*Tabulation*
- Cliquez sur «Suivant»
- Cliquez sur «Terminer»

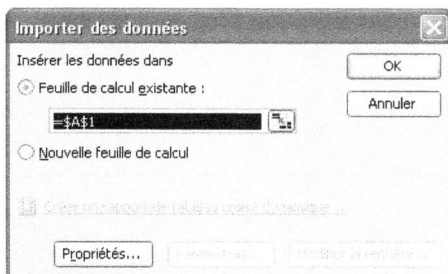

- Précisez la position où les données seront importées : tapez *A1* dans la zone de saisie
- Cliquez sur «OK»

Les données sont importées dans la feuille de calcul courante.

- Pour terminer, enregistrez ce classeur dans le dossier *C:\Exercices Excel 2003* et sous le nom *Produits.xls*

Exportons cette feuille de calcul dans le format du tableur Lotus 1-2-3

- *Fichier/Enregistrer sous*, ou appuyez sur F12
- <Type de fichier> : sélectionnez le format *WK4 (1-2-3) (*.wk4)*
- Cliquez sur «Enregistrer»

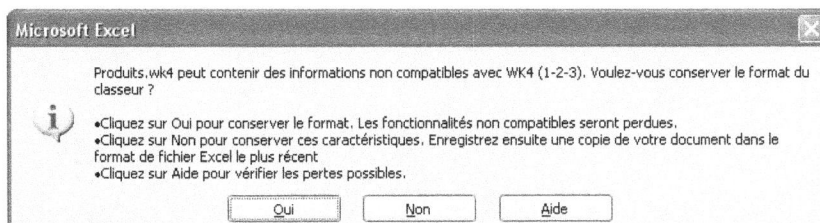

- Cliquez sur «Oui»

Une copie du classeur est créée au format Lotus 1-2-3, dans le même dossier, et porte le nom *Produits.wk4*. Il ne vous reste plus qu'à la transmettre à son destinataire en utilisant un dossier partagé du réseau, par e-mail ou à l'aide d'une disquette.

- *Fichier/Fermer*
- *Fichier/Quitter*

INDEX

www.ingramcontent.com/pod-product-compliance
Lightning Source LLC
Chambersburg PA
CBHW051212200326
41519CB00025B/7091